工程師
下班有約

林鼎淵
Dean Lin
著

企業內訓講師帶你認清職涯真相！

每個人的人生，
都是自己選擇而來的。

你可以帶著問題來看這本書，
但不要直接把故事當解答，
因為只有你能為自己的人生負責。

你想要的生活，往往藏在你不敢做的決定背後

誰不想領更高的薪水，但你有準備好談判的籌碼嗎？

不喜歡現在的工作，可是你了解自己要的是什麼嗎？

如果遇到改變命運的機會，你具備承擔風險的能力嗎？

如果失敗與挫折才是常態，你還有繼續挑戰的勇氣嗎？

作　　者：林鼎淵 (Dean Lin) 著
責任編輯：魏聲圩

董 事 長：曾梓翔
總 編 輯：陳錦輝

出　　版：博碩文化股份有限公司
地　　址：221 新北市汐止區新台五路一段 112 號 10 樓 A 棟
　　　　　電話 (02) 2696-2869　傳真 (02) 2696-2867

發　　行：博碩文化股份有限公司
郵撥帳號：17484299　戶名：博碩文化股份有限公司
博碩網站：http://www.drmaster.com.tw
讀者服務信箱：dr26962869@gmail.com
訂購服務專線：(02) 2696-2869 分機 238、519
(週一至週五 09:30 ～ 12:00；13:30 ～ 17:00)

版　　次：2025 年 6 月初版一刷

博碩書號：MP22455
建議零售價：新台幣 600 元
ＩＳＢＮ：978-626-414-208-3
律師顧問：鳴權法律事務所 陳曉鳴律師

本書如有破損或裝訂錯誤，請寄回本公司更換

國家圖書館出版品預行編目資料

工程師下班有約：企業內訓講師帶你認清職涯真相 !/ 林鼎淵 (Dean Lin) 著 . -- 初版 . -- 新北市：博碩文化股份有限公司, 2025.06
　　面；　公分

ISBN 978-626-414-208-3(平裝)

1.CST: 職場成功法 2.CST: 自我實現

494.35　　　　　　　　　　114005406

Printed in Taiwan

博碩粉絲團　歡迎團體訂購，另有優惠，請洽服務專線 *(02) 2696-2869 分機 238、519*

商標聲明

本書中所引用之商標、產品名稱分屬各公司所有，本書引用純屬介紹之用，並無任何侵害之意。

有限擔保責任聲明

雖然作者與出版社已全力編輯與製作本書，唯不擔保本書及其所附媒體無任何瑕疵；亦不為使用本書而引起之衍生利益損失或意外損毀之損失擔保責任。即使本公司先前已被告知前述損毀之發生。本公司依本書所負之責任，僅限於台端對本書所付之實際價款。

著作權聲明

本書著作權為作者所有，並受國際著作權法保護，未經授權任意拷貝、引用、翻印，均屬違法。

我花了十五年證明自己，
才累積了一本書的故事。

推薦序
by 如同人生引路人的恩師

在高中職的教學現場，我們常遇見許多對學習缺乏熱情、對未來感到迷惘的同學。這讓我回想起鼎淵剛踏進圖書館的模樣——青澀、好奇，又帶著些許叛逆。

他不是那種循規蹈矩的學生，明明讀的是電機科，卻對電子、資訊領域充滿好奇，不僅主動考取各種證照，還代表學校參加程式競賽。更特別的是，他曾向我透露想成為作家的夢想，並積極參加各類文學競賽。多年之後，他真的成為了一名作家，這種一路從學生時期堅持夢想到成真的歷程，令我特別感動與驕傲。

身為一名老師，我常鼓勵學生找到自己的優勢，學習如何運用身邊的資源；而鼎淵不僅落實了這點，更走得比我預期還要遠。**他在書中不是要大家複製他的路，而是透過自身實踐的經驗，告訴大家如何辨識自己的潛能，發掘與生俱來的「不公平優勢」，從而走出一條專屬於自己的道路。**

書中關於職場的篇章，更像是鼎淵一路成長的真實筆記。他曾和我分享自己在高壓環境下的掙扎，以及如何在現實與理想間取得平衡，並逐步成為團隊中的關鍵角色。他也特別提出了「工作不等於職涯」的觀點，引導我們重新思考工作背後的意義。

我特別欣賞鼎淵不斷打破職涯框架的勇氣，他懂得將「斜槓」建立在原有的專業基礎上，藉此快速累積頭銜（比賽獲獎、出版書籍、成為專欄作家），再透過這些頭銜強化自媒體的專業性與可信度，逐步將過去以為的不可能，變成今天的日常。

最後，我想對鼎淵說：「很高興曾在你的成長過程中陪伴你、見證你一步步實現夢想。我相信這本書，也將陪伴更多年輕人走出徬徨，找到屬於自己的道路。」

許益財
大安高工前圖書館主任

推薦序
by 啟發我看見自己價值的恩師

「如果對人生與職涯感到迷茫,這本書將帶給你一份溫柔而堅定的陪伴。」

鼎淵並沒有出眾的天賦,但從學生時期開始,他就用極強的行動力證明了:「沒有奇蹟,只有累積。」最讓我印象深刻的,是他無論準備比賽還是備審資料,對細節的要求都近乎偏執,遇到問題就不斷提問、反覆嘗試,直到完全理解、徹底滿意為止。

這種對細節的堅持與持續不懈的行動力,並未隨著他踏入職場而改變,反而更加鮮明地展現在不同的人生角色裡。從工程師到作家,再到企業講師,他逐步將自己的專業活成了一場精彩的多重宇宙。

高中畢業多年後,鼎淵依然不忘回到母校探望師長、關心學弟妹。幾年前我邀請他返校演講,他毫不猶豫地答應了。儘管第一次站上大講台略顯緊張,但他誠懇而真實的故事,很快就深深打動了台下每一位學生。那一刻我意識到,他一路走來的努力與積累,已經蛻變為一股能感染他人的力量。

《工程師下班有約》不只是一本職涯指南,更是一份誠實坦率的生命告白。書中沒有華麗的口號與虛幻的捷徑,有的只是一個真實的人,在焦慮與徬徨中摸索出自己的方向,並用十年如一日的努力,在現實裡築起夢想。

作為老師，我為鼎淵的成長感到驕傲；作為一名教育工作者，我真心將這本書推薦給每一位對未來感到迷惘，渴望重新找回人生節奏的你。

林溫雰

大安高工輔導室主任

推薦序
by 在關鍵時刻推我一把的學長

「沒想到那些被我淡忘的小事，成為了他人生的轉折點。」

收到鼎淵邀約寫推薦序時，我一開始覺得驚訝又疑惑，直到開始閱讀，才發現自己竟早已是他故事的一部分，並看見了曾經充滿自信的自己。

第一次出現在他故事裡，是十六年前我在大安高工帶領一群選手參加競賽，那年我們包辦了一、二、三名、佳作及團體獎。

坦白說，當時鼎淵在選手中並不突出，但沒想到這次比賽的經歷，卻成為他日後走進資工領域的重要起點。

第二次則是在一次私廚聚會上，當時的他正處於職涯的十字路口，評估要接受薪水高壓力大的工作，還是選擇薪水較低但能持續經營自媒體的工作。

酒酣耳熱之際，我跟他說：「如果你只打算當工程師，選擇錢多的沒有問題；但你有在經營自媒體，所以我建議你選一個能繼續經營自媒體的工作。因為這才是你自己的資產，跟公司無關。」

沒想到當時的一句話，讓他進入了適合自己的工作環境，並再創斜槓巔峰。

人生有趣的地方，就像蝴蝶效應一般，原本看似微小的決定與行動，在多年後卻發現那是改變一個人的關鍵。

或許我們每個人的生命裡，都藏著許多這樣看似不起眼卻至關重要的轉折點，等待著我們去發掘與行動。

這本書，是鼎淵用苦行僧般的堅持，所熬出真實又深刻的人生筆記。

讀完最後一頁時，我心底浮現一個強烈的念頭：「下班後，該來幹點大事了。」

楊凱霖

ViewSonic Backend Engineer

推薦序
by 一起 Debug 人生的大學同窗

我和鼎淵認識十五年了，誰能想到當初身旁的同學，會成為一名出版 7 本書的作家、四處幫企業培訓的講師？

但比起亮眼的履歷，我更記得他程式 Debug 到凌晨、上班被客戶叫去罵、接案遇到雷包、自媒體初期乏人問津的樣子。

遇到挫折時，他總是嘴上說「我再試試」，但從沒真的放棄過。

這不是一本說教型的工具書，它更像下班後朋友請你喝一杯，邊喝邊吐槽人生的那種療癒時光。

他沒有假裝自己一路順風，而是選擇把那些卡住、放棄、再走回來的心路歷程寫進來。因為他知道，我們每個人都曾經站在不確定的岔路上，懷疑自己是不是走錯了。

其中有一段我印象很深：「**不管是拼命還是放下，都需要勇氣；努力只是選擇，不是正確答案。**」看到這句的時候，我停下來深吸一口氣，想起好多個自己快撐不住的時刻。

讀這本書的時候，就像在喝一杯後勁很強的調酒 —— 前半杯有共鳴，後半杯有指引。你會發現，**努力從來不是為了變成別人，而是為了成為更自在地自己。**

如果你正在為職涯煩惱、為未來迷惘，甚至只是累了、想找個人聊聊，這本書會是一個不錯的開始。

職涯沒有標準答案，但迷惘時，有人懂；闔上書，你將帶著底氣，提交下一個人生 commit。

陳其斌（*CP Chen*）

趨勢科技 技術經理

推薦序
by 工作上亦師亦友的夥伴

能夠受邀為這本書撰寫推薦序，我深感榮幸，也格外珍惜這段緣分。

當 Dean 跟我聊起他即將動筆寫這本書時，我便滿懷期待。因為我知道，這不是一本為寫而寫的書，而是一段經由親身實踐、敏銳觀察與深刻思考淬鍊而成的生命紀錄。

歸功於他先前出版的《給全端工程師的職涯生存筆記》。這本書的含金量非常高，成為我職涯發展中一盞重要的明燈，也成為我與他認識、共事的契機。此後有機會近距離見證他的歷程、理念與行動，我感到非常幸運。

Dean 對我而言，是亦師亦友。他不僅是一位專業的工程師、企業講師與暢銷作家，更是人生的觀察家、思想家與實踐家。**他對職涯與生活有著獨到的見解**，總能一針見血指出問題的本質；他的標題吸睛，內容更有力量與張力，因為那些都是他真實走過的路。

閱讀這本書的過程中，我一再讚嘆，也深受啟發。許多篇章所談的議題，正是我自己也經歷與思考過的，但 Dean 寫得更透徹，實踐得更徹底。他讓我反思，也激勵我重新整理自己的人生優先順序與生活態度。最可貴的是，他不藏私，將這些歷程具體、坦誠地記錄下來與我們分享。

我特別喜歡書中「讓自己成為一個特別的人」以及「把自己當一間公司在經營」這兩個主題。這些章節不僅貼近我們的生活，更提供了實用的思維框架與行動指南。對每一位想要經營自我、認真活出人生的人來說，這些內容將帶來極大的共鳴與啟發。

我曾經也想要寫一本「下班有約」主題的書，但因為自己的經歷和實踐不夠多、思考不夠深刻，因此作罷。看完這本書後我才知道，這本書只有 Dean 才寫得出來。**他有實力、有故事、有經歷，最重要的是，他真的活出了這本書裡的每一句話。**

《工程師下班有約》不是一本包裝人設的品牌操作手冊，而是一份面對現實、忠於理想的實戰筆記。我真心推薦給每一位渴望突破、認真生活的你！

Taiming
《哎呀！不小心刻了一套 React UI 元件庫》作者

推薦序
by 打破職涯框架的魔術同好

天才很少見,但肯努力的人,早已贏過大多數人。

在這個流行「躺平」的年代,「你給我香蕉,我就當猴子」是許多人的心聲。我曾經也是其中的一員,對「工程師」這個職業興趣缺缺,覺得那是一份無趣又乏味的工作。

更何況,我在寫程式方面也只是個天分平平的普通人。每當對外說自己是工程師,總覺得那個標籤聽起來很呆、很宅、甚至有點無聊。說實話,我曾經很想擺脫這個身分。

但人生就是這麼奇妙。

我和鼎淵很早就因為魔術的關係認識,那時的他,並不是人群中的焦點,工程師的身份也不顯眼。

但經過幾年持續寫作、參與比賽,並積極分享職涯心得後,他出版了《給全端工程師的職涯生存筆記》。當我翻開那本書,才驚覺:「原來工程師的路,也可以這樣走!」這對像我這種沒天分、又經常懷疑自己的人,那本書就像一扇窗,讓我看見了另一種可能。

我後來主動找鼎淵諮詢,雖然付費,但我心甘情願。因為我知道要找到一位值得信任、擁有實戰經驗,而且親自走過這條路的人,有多麼難得。

他不僅幫我打下更好的基礎，更向我分享撰寫文件、職場溝通的重點，甚至鼓勵我堅持完成 iThome 鐵人賽的挑戰。

現在的我，是一名前端工程師，假日偶爾還會變身為魔術師。五年前的我，絕對想不到會有這樣的組合。

真正的成就感與熱情，就是在持續的努力與成長中悄悄累積：完成比賽、回母校演講、擔任公司內訓講師，甚至在新公司入職初期就被信任地賦予 Leader 角色。

這一切，都是從前的我無法想像，卻一步步實現的過程。

這本書不會告訴你人生有捷徑，但如果你正在尋找一種新的可能、一點向前的勇氣，或是一條從未想過的路，那就翻開這本書吧！

李嘉祐

金融前端工程師，專業魔術師

推薦序
by 與我走過相似路的知心好友

在飛往英國的漫長航程中,剛好讓我可以專注閱讀這本書,並寫下這段推薦。

先說結論:「這是一本我會毫不猶豫推薦給任何領域朋友的書。」

翻開書頁,彷彿與一位睿智的職場前輩促膝長談,聆聽他娓娓道來人生中的高潮與低谷。

人生是由無數個選擇串連而成的旅程,而作者誠實記錄了他如何在不同階段做出選擇並承擔結果。他沒有提供標準解答,而是用自身經驗邀請你思考。正如他所言,沒有能複製的人生藍圖,但這些經歷也許能為你帶來靈感與啟發。

書中「用斜槓打破職涯框架」與「健康,是一切的基礎」這兩個主題我特別有共鳴,因為我和鼎淵有著相似的經歷 —— 我們都是工程師、講師、作家、魔術師、自媒體創作者。正因如此,我們面對的選擇、機遇與掙扎也很雷同。

閱讀過程中,最打動我的,是他願意說出那些職場上的「實話」。那些大家心裡有數、卻往往不敢明說的殘酷與現實,他用直率的筆觸寫了出來,並給出了自己的應對與選擇。

這本書帶給我許多啟發與力量,希望它同樣也能為你的職涯與人生決策,帶來更多可能性與勇氣!

高于凱(*Kai, HackerCat*)

UCCU Hacker 成員

推薦序
by 一同探索職涯發展與 AI 應用的夥伴

我和鼎淵是在社群上認識的，曾邀請他擔任「超硬派！數據實戰技術工作坊」中 AI 主題的講師，他的分享沒有誇大的包裝，只有扎實的實務經驗。而這本書最吸引人的地方，就是這份真誠與坦率：**用親身經歷，陪伴每一位正在探索職涯方向的人。**

用經驗說真話，讓探索職涯的人不再孤單

在這個講求快速成果與個人品牌的時代，我們太容易被成功故事給包圍，卻鮮少有人願意公開談「掙扎」與「卡關」。這本書不一樣，它不試圖描繪完美履歷，而是選擇把一路走來的選擇、試錯、懷疑與成長，真實地攤開在讀者面前。

每一個章節，都像是鼎淵與過去的自己對話：**談理想與現實的差距，談職場如何建立影響力，也談失敗如何重塑我們對專業與自我的理解。** 而這些故事不僅是個人的記錄，更是許多人在探索人生時會經歷的縮影。

把自己當成公司，用策略思維經營人生

從「把自己當作一間公司」到「用專業打造斜槓與自媒體」，書中提出的不只是經驗談，更是一套清晰、可操作的思維架構。這對習慣埋頭苦幹卻無法放大成果的人來說，是一個重要的提醒：**專業不是只有能力，更是影響力的經營。**

無論是從內部流程改善（如職場協作與知識累積），還是外部價值輸出（如接案談判與社群經營），這本書都提供了可實踐的策略與反思角度。讀完後，你會意識到，原來「看起來很會規劃人生的人」，往往也是從混亂與低谷中跌撞出來的。

在 AI 時代，重新定義自己的價值

面對 AI 帶來的職場變革，作者沒有唱高調，也不誇大恐懼，而是冷靜分析：**真正無法被取代的，不是會寫程式的人，而是能整合資源、解決問題並主動創造價值的人。**

書中最後幾章，深入剖析了 AI 如何改變工作邏輯，並給出具體的應對方向，對正在思考職涯下一步的讀者來說，這不只是趨勢觀察，更是一份行動參考。

在這個技能快速汰換、專業知識變得模組化的時代，最大的挑戰不再是「我會不會某個技術」，而是「我能不能讓別人看見我的綜合價值」。你可以選擇成為 AI 的使用者、整合者，甚至是設計者，但前提是：**你願意主動適應變化，並更新對自己的認知。AI 不是威脅，而是一面鏡子，照出我們是否真正具備持續學習與重塑自我的能力。**

讓我用最真實的第一印象總結

剛拿到這本書時，我一度摸不透它的定位；翻了幾頁後心想：誒？怎麼有這麼酷的企劃！

讀到最後，我想說的只有一句話：**每位工程師都該讀這本書。**

張維元

資料科學家的工作日常

推薦序
by 透過社群共同成長的朋友

與鼎淵大大的初識，是在一次朋友的聚餐中，之後在社群裡逐漸熟絡。

他對學習的熱情與快速掌握新科技的能力，讓我印象特別深刻。他總能快速整理出清楚、有價值的內容，並大方地與社群朋友分享。 在這個資訊爆炸、注意力稀缺的時代，這樣的理解力與行動力，實屬難得。

翻開書頁，第一句話就打中了我：「**我花了十五年證明自己，才累積了一本書的故事。**」

這句話說出了他寫書的底氣，也讓我明白他為何能擁有如此堅實的內在力量與專業實力。整本書濃縮了他多年來的經驗與洞察，無論是求職中的工程師、摸索方向的學生，或正在職涯轉折點的大人們，都能從中獲得實用且深刻的啟發。

與一般標榜「快速成功」的職涯書籍不同，鼎淵誠實分享了自己經歷過的挫折與掙扎，讓大家了解成功故事背後的真實樣貌。閱讀時彷彿搭上一台時光機，陪著他經歷每一次重要的選擇與轉變。文字自然流暢，輕鬆卻發人深省。

我誠摯推薦這本書，相信鼎淵的經驗與智慧，能成為你職涯路上的一盞明燈，帶領你找回堅定前行的勇氣。

Jimmy Chu

資深軟體工程師、搞定學院科技社群創辦人

序

為什麼會有這本書？

這本書，我準備了十五年。

寫這本書前，我已經出版過 6 本專業書籍，涵蓋網路爬蟲、工程師職涯、AI 應用等領域；並連續兩年入選年度百大暢銷書，於 2023 年在天瓏書局取得年度暢銷第三的成績。

之所以能拿到這麼好的成績，是因為我搭上了 AI 的順風車；但老實說，這個成績就像是一座山，在銷售量上，我很難超越過去的自己。

有段時間我甚至打算就此封筆，讓成績停留在最好的時刻。

但在某個下班後的聚會上，朋友酒過三巡後問了我一個問題：「我們工作的年資差不多，我認為自己也很努力；但為什麼現在的差距這麼大？我好羨慕你的運氣！」

大多數人面對這類問題時，都會順著對方的話，謙虛的把成就歸功於「運氣」；但當時酒喝得有點上頭，所以我的回答是：「我這一路是怎麼走過來的，你應該也看在眼裡。中間也許有運氣的成分，**但大部分人只要跟我做出相似的選擇，我不敢說能取得相同的成果，但肯定能獲得不凡的經歷。**」

講完這段話後，我彷彿像是個喜歡「憶當年」的老兵，開始分享自己的故事。那一晚，我們從晚上八點聊到凌晨四點，酒吧關門後，我們到外面的公園坐著繼續聊到天亮。

回家前，朋友對我說：「就算一路看著你成長，我也不知道背後有這麼多的故事。你有沒有考慮把他寫成一本書？就叫**下班有約**之類的？」

頓了一下他繼續說：「為了支持你，過去你出的書我都有買；但老實講，我沒一本有看完。但你今天分享的故事太精彩了，橫跨人生、職涯到斜槓的議題。沒有要恭維你的意思，但這些故事給我很多啟發，所以聊到現在我的精神還是很亢奮，我很期待它變成書的那天。」

工具與方法會過時，但經驗永遠有參考的價值

聚會結束後，我就開始準備這本書的草稿了；而出版社的編輯在冥冥中似乎跟我有種默契，才剛把大綱擬好，就收到編輯的出版邀請。

其實一開始出版社希望我繼續出版 AI 工具應用的書籍，但我跟編輯說：「雖然現在市場上 AI 主題的書籍賣得最好，但工具更新的速度太快了，把幾週前的最佳方案放到現在來看，可能已經過時了。下一本書，**我更希望分享一些個人的經驗故事，畢竟現實世界發生的事沒有絕對的對錯，只有當下最合適的選擇。**」然後將準備好的大綱傳給編輯。

編輯與總編討論後，我們對這本書的方向達成了共識：「以故事的形式，呈現每個決策背後的思維與掙扎；除了分享成功案例外，更著重於失敗後的檢討與成長。」

來自 12 年前的建議

寫這本書的序時，我不禁回憶起 12 年前的自己。其實早在 19 歲，我就完成了一本十萬字的小說；但投稿到各大出版社後，全都石沈大海。

儘管沒得到任何回覆，但我依然覺得自己的作品是個千里馬，只是欠缺一個伯樂而已。想當年哈利波特的作者 JK 羅琳，不也被出版社拒絕過 12 次嗎？

所以接下來我從網路搜集了許多知名人士的 Email，然後把小說稿件像是病毒郵件般的傳送給對方（厚臉皮與自信，在任何一個時代都很重要）。

經過不懈的努力後，終於有作家願意看我的作品，並給了建議：「你這本書的內容太淺了，而你現在做的事，就像個剛出生的寶寶想要證明自己一樣；**如果真的想寫出好故事，先去累積自己的人生閱歷吧。**」

這段話對我有很深的影響，因為他讓我領悟到：「**這世界沒有那麼多的懷才不遇，更多的是自己沒有本事。**」

不要妄想靠一點小技巧就能翻轉人生，日積月累的實力才是你的靠山；因為**機會永遠都有，但前提是你配得上它**，技巧只是在關鍵時刻推你一把的臨門一腳。

了解故事背後的故事

如果用「出社會 8 年，年收成長 600% 的秘密」來當書名，我想應該會賣得更好。

但我覺得人生際遇的隨機性太高，所以希望讀者可以更關注我遇到機會時，決策背後的思路。

雖然你帶不走我的經歷，但可以參考我的「視角」，並思考如果換作是自己，你會怎麼做？有沒有更好的方案？

另外相比於成功，這本書在「失敗」這塊有更多的著墨，因為失敗的共通點，往往比成功更多。

儘管標榜「人人都能做到」可以吸引到更多無知的受眾，**但現實生活就是金字塔結構，成長的路也許有捷徑，但絕對不會輕鬆。**

閱讀雞湯式的勵志文章也許可以讓你得到短暫的安慰，但對改變現狀沒有任何幫助。

> **閱讀指引**
>
> 在資訊碎片化的年代，我很清楚大多數人沒辦法專注讀完一本書，所以這本書的設計，就是不管你翻開哪一章，都可以直接閱讀。
>
> 儘管章節間有關聯性，但不影響對內容的理解，想知道前因後果在前後翻閱就好。

編著本書雖力求完善，但學識與經驗不足，謬誤難免，尚祈讀者不吝指正與提供補充。

本書封面、封底、內文的插圖，是「寶寶不說」這個傲嬌又喜歡鬧彆扭的可愛角色，歡迎大家追蹤他的 IG & FB！

目錄

PART 1 讓自己成為一個「特別」的人

01 想像與現實的差距，可能會毀掉人的一生

1-1 不要只把演講當履歷，要讓它對觀眾有意義 1-2
1-2 過度美化未來，容易讓人做出衝動的選擇 1-3
1-3 大學讀不到一年，就被退學 1-4
1-4 結語：每個人的人生，都是自己選擇而來的 1-5

02 我跟別人有什麼不同？如何透過差異化競爭累積自信

2-1 你不用很強，但要夠特別 2-2
2-2 獲得機會，跟掌握機會是兩件事 2-3
2-3 人，需要一場勝利，然後記住這個感覺 2-5
2-4 「國文」是影響我一生的科目 2-7
2-5 結語：人少的路，能看到不同的風景 2-9

03　沒有白走的路！如何找到自己的天賦

3-1　寫程式，是需要天賦的；就像數學很難靠時間與經驗彌補............ 3-2
3-2　3 年 23 場比賽，我連一場都沒贏過.................................. 3-4
3-3　如果專項贏不過別人，那就試試看複合領域............................ 3-5
3-4　只要你還沒放棄，其他人也會被你的意志影響.......................... 3-7
3-5　乒乓，一個從「勝負」去思考人生的動漫.............................. 3-9
3-6　結語：找不到方向，可能是因為接觸的領域太少....................... 3-10

04　沒有意志力？那是因為缺少環境的約束

4-1　不要為了蠅頭小利，讓自己承擔多餘的風險............................ 4-3
4-2　有些經歷可以講一輩子，但你不會想體驗第二次........................ 4-4
4-3　意志力的上限，是由環境所決定的.................................... 4-5
4-4　結語：環境會逼出一個人的潛力...................................... 4-7

PART 2　把自己當一間公司在經營

05　工作好累！壓力爆表！我的付出值得嗎？

5-1　讓你當專案的主導者，是相信你，還是….............................. 5-2
5-2　客戶不滿意，就叫你立刻到現場給他罵................................ 5-3
5-3　我需要一個有代表性的作品.. 5-5
5-4　讓原本看不起你的人認同你.. 5-6
5-5　結語：重點不是吃了多少苦，而是知道背後有什麼意義................. 5-6

06　理解越全面，越有談判的資本

- 6-1　選一個最需要自己的公司 6-2
- 6-2　透過跨部門溝通累積影響力 6-4
- 6-3　導入專案系統增加合作效率 6-4
- 6-4　建立文件，減少重複說明並縮小資訊落差 6-6
- 6-5　裝睡的人要看到棍棒才會驚醒 6-7
- 6-6　擔任專案經理，從執行者轉為協調者 6-9
- 6-7　成為技術主管後面臨的挑戰 6-11
- 6-8　結語：累積自己帶得走的履歷 6-13

07　過去適合你的環境，現在未必適合你

- 7-1　繼續待下去，成長的是年資還是能力？ 7-2
- 7-2　在舒適圈中如何成長？ 7-4
- 7-3　技術部門主管不熟悉技術，就跟騎兵隊長不會騎馬一樣！ 7-5
- 7-4　把自己賣在最高點 7-8
- 7-5　結語：同一間公司待太久，你會誤以為外面的世界都長一樣 ... 7-11

08　接案不再鬼遮眼！賺錢還要賺履歷！

- 8-1　需求訪談是雙向溝通的過程，不是對方說什麼就是什麼 8-2
- 8-2　撰寫需求規格書的注意事項 8-4
- 8-3　新手接案的注意事項 8-6
- 8-4　不要接超出自己能力範圍的案子 8-8
- 8-5　判斷好專案，以及獲得好客戶的方法 8-9

8-6	接案怎麼報價才合理？	8-11
8-7	如何提高自己接案的報價	8-13
8-8	結語：接案需要的不只是專業知識	8-16

09 為什麼付費諮詢，更容易看到成效？

9-1	你不求，我不渡	9-3
9-2	諮詢要「長期、規律」才能看出效果	9-4
9-3	挑選適合自己的諮詢對象	9-5
9-4	有專業的人，才有能力給予協助	9-6
9-5	結語：諮詢只是輔助，成長還是要靠自己	9-9

PART 3　用斜槓打破職涯框架

10 把「斜槓」建立在「專業」之上

10-1	先填飽肚子，再談夢想	10-3
10-2	我們對產業的認知，比自己想像的還要更少	10-4
10-3	因為有必須面對的現實，所以才學到了更多	10-5
10-4	工作已經很累了，怎麼還有斜槓的力氣？	10-9
10-5	找出夢想與專業的連結，讓斜槓從專業出發	10-12
10-6	結語：讓專業成為斜槓的「捷徑」	10-14

11 「頭銜」對職涯與自媒體的重要性

- 11-1 自媒體的初期真的只有「自己」.. 11-2
- 11-2 文章發了個寂寞後，我選擇用「比賽」證明自己 11-5
- 11-3 用「策略」放大自己的影響力 11-9
- 11-4 借助「平台」的力量宣傳自己 11-14
- 11-5 結語：擁有頭銜只是開始，持續創造價值才是關鍵................ 11-18

12 經營自媒體時，我遇過的心魔與挑戰

- 12-1 我這麼菜，真的有資格做自媒體嗎？...................................... 12-3
- 12-2 下班後的誘惑好多，靠意志力好難自律 12-5
- 12-3 看到別人違背初心後獲得流量，我好羨慕 12-7
- 12-4 我覺得自己沒有天賦，該放棄嗎？.. 12-8
- 12-5 結語：成功的道路並不擁擠，因為堅持的人不多 12-12

13 讓過去的不可能，成為現在的日常

- 13-1 當別人還在觀望時，你傾盡全力就能吃下這塊市場 13-3
- 13-2 選擇遠比努力重要 13-8
- 13-3 善用槓桿，利用社群擴大你的影響力 13-9
- 13-4 機會是給勇於挑戰的人 13-12
- 13-5 取得先行者優勢後，我獲得的時代紅利 13-14
- 13-6 我具備哪些「不公平」優勢？.. 13-16
- 13-7 結語：0 到 1 是突破，1 到 100 不過是積累罷了 13-18

14　永遠有自己不會的事，但錯誤不能犯第二次

14-1　掌握環境變數，減少講課發生意外的可能性 14-2
14-2　所有線上工具，都有故障的可能性 14-7
14-3　簽合約時，不要把自己親手給賣掉了 14-11
14-4　任何建立於平台上的成就，都可能隨時被收回 14-14
14-5　結語：把失敗視為成長的養分 14-20

PART 4　健康，是一切的基礎

15　當失眠、憂鬱、焦慮成為日常

15-1　高效的背後，往往伴隨著過勞 15-3
15-2　該睡覺了，但身體很累，腦袋停不下來 15-4
15-3　捨不得放手，只會讓自己更疲憊 15-5
15-4　結語：放下，是最難學會的人生課題 15-6

16　除非有明確的目標，否則「自律」並不會幫你成長

16-1　持續做一件事並不會讓你變強 16-2
16-2　停留於表面的自律，只不過是在浪費時間 16-4
16-3　結語：明確的目標 + 外在壓力，才能讓自律看到成果 16-5

17 用盡全力卻跌得更重？
「失敗、意外」才是人生的常態

17-1 認真健身 1 個多月後，我覺得自己一定能辦到 17-2
17-2 請健身教練，不代表沒有受傷風險 17-3
17-3 當不安變成現實 17-4
17-4 到醫院拍完 X 光片後，診斷又不一樣了 17-5
17-5 把文章發表到社群後，反轉再反轉 17-5
17-6 結語：尊重專業，但並不是每個人都具備專業 17-7

18 無知，才是浪費生命的源頭

18-1 身體是自己的，出問題沒人能替你分擔 18-2
18-2 少了健康的身體，連執行計畫的本錢的沒有 18-3
18-3 錢非常重要，沒錢你連看病復健都要猶豫 18-3
18-4 如果標題不吸引人，你連被看見的機會都沒有 18-4
18-5 無知並不可恥，可怕的是不懂裝懂 18-6
18-6 結語：有基礎知識，才具備「判斷、溝通」的能力 18-6

19 當結局注定失敗，我是靠什麼堅持下去的？

19-1 我感受到宇宙的惡意 19-2
19-2 就算註定輸，我還是會用盡全力 19-3
19-3 我成功拉起了自己 19-3
19-4 結語：如果年初沒發祭品文，我應該會放棄健身吧 19-5

PART 5　我們都是彼此的異類

20　我願用人生十年，換回自己的天真無邪

20-1　灰色產業薪水真的很高嗎？ 20-2
20-2　不要以為自己是獨特的 20-3
20-3　為什麼進入灰產後就很難離開？ 20-4
20-4　結語：所謂天真不是一無所知，而是經歷過一切後還選擇善良 20-4

21　我 All in 了！你敢跟嗎？

21-1　公司開放認股，但員工會買單嗎？ 21-2
21-2　只有最特殊的人會被記住 21-3
21-3　就算有內線消息，你敢押身家嗎？ 21-4
21-4　如果有 200 多萬的現金，你會做什麼事？ 21-4
21-5　結語：輸得起，是做出決定的前提 21-5

22　來晚了，我就不要了

22-1　原來科技業還有這種工作！？ 22-2
22-2　從時薪的角度來看一份工作的 CP 值 22-3
22-3　不要把工作當成學習的場所 22-4
22-4　如果沒有買房、買車的需求，你還會追求高薪嗎？ 22-4
22-5　結語：用 300 萬的能力，做 150 萬的工作 22-5

23　上個月,我跑了 273 公里!

23-1　超熱情的保全大哥 23-3
23-2　開始跑步後,半年內瘦了 11 公斤 23-3
23-3　怎麼做到的?有秘訣嗎? 23-4
23-4　結語:能阻擋你前進的,從來就只有自己 23-4

24　沒想到會遇到這種 Uber 司機,這次我不忍了!

24-1　向下相容的解決方案 24-2
24-2　如何更快達成 KPI 24-3
24-3　結語:人才,到哪裡都是人才 24-4
24-4　後記:分享能得到更多的回饋 24-5

PART 6　在 AI 時代重新找尋自己的定位

25　職場上,AI 已經從加分技能變成必備技能

25-1　你所見到的,只是同溫層的世界 25-3
25-2　公司的高層、主管,才是推動 AI 的關鍵 25-4
25-3　就算每個人都會用 AI,但只有少部分人能獲利 25-6
25-4　結語:AI 紅利期逐漸退去 25-7

xxxi

26　如果只會寫程式，感覺撐不過下個世代

26-1　市場其實對品質並沒有那麼高的要求 26-2
26-2　當沒有程式背景的人，可以在 AI 的幫助下完成專案 26-3
26-3　如果高度專業的技能也被 AI 取代 26-4
26-4　解決問題的能力會更加重要 26-5
26-5　要對自己的專業有更深刻的理解 26-6
26-6　結語：別讓專業成為你唯一的價值 26-6

後記 — 你想要的生活，就藏在你不敢做的決定背後

NOTE

PART 1
讓自己成為一個「特別」的人

我並不是天才,運氣也不是特別好;如果問我過去的人生做對了什麼,我的回答是:「努力讓自己成為一個特別的人。」

Ch01　想像與現實的差距,可能會毀掉人的一生
過度美化的未來,容易讓人做出衝動的選擇。

Ch02　我跟別人有什麼不同?如何透過差異化競爭累積自信
你不用很強,但要夠特別。興趣與自信,通常是建立在勝利之上的。

Ch03　沒有白走的路!如何找到自己的定位
大多數人終其一生也找不到自己的天賦,但透過摸索,我們至少能找到自己的「定位」。

Ch04　沒有意志力?那是因為缺少環境的約束
在沒有退路的狀態下,你,遠比自己想像的更加強大。

CHAPTER 01

想像與現實的差距，可能會毀掉人的一生

> 通常鼓勵你勇敢追夢的人,都是那些已經實現夢想的人。

在 2022 年出版《給全端工程師的職涯筆記》一書後,收到母校(大安高工)的邀請,讓我有機會與學弟妹分享自己的故事。

因為筆者距離學生時代還不算太遙遠,所以我很清楚以前在當學生時,常常台上講得熱血激昂,而台下睡成一片;偶爾清醒,也不過是為了應付要繳交的演講心得。

為了盡可能避免這樣的場景發生,我決定先回母校一趟。

1-1 不要只把演講當履歷,要讓它對觀眾有意義

到校與老師細聊後,我發現這是一個「職場達人週」的活動,當週會邀請幾位業界人士到校分享;希望透過這個活動,讓學生初步了解不同產業的實際面貌。

有幾位老師特別跟我強調,這是場「自由報名」的演講,所以來參加的學生,是真的對演講主題感興趣的,**他們想透過講者的經驗來判斷,這個職涯是否符合自己的期待,跟過去的想像有多大的落差**;因此千萬不要抱持應付了事的心態做準備,**不要只把這場演講當成履歷的一行字,要讓它對觀眾有意義**。

儘管原本就很嚴肅看待這場演講,但在意識到我所分享的內容,可能會影響學弟妹將來的職涯選擇後,我更認真的思考,有什麼合適的經驗可以分享給他們。

其中一位資深教師還拉著我的手，語重心長的說：「老師跟學生的距離，有時比學長與學弟的距離更遠。對你來說，這是一場演講；但對他們來說，也許會把你當成自己未來的投影。」

> **筆者心裡話**
>
> 如果只是為了應付而寫一本書，我把過去的存稿整理一下，一個禮拜就能交稿。
>
> 但我希望這本書完成後，不管是我還是讀者都能有所收穫；所以前期花很多時間整理大綱，並寫了很多個版本的草稿與朋友討論。
>
> 一開始最早的版本有近 20 萬字，但最終刪減到現在的 10 萬餘字；為的，就是希望呈現最精華的內容。
>
> 我做事的原則一向是「全力以赴」，不管工作、演講、寫書還是表演都一樣。

1-2 過度美化未來，容易讓人做出衝動的選擇

我很清楚，故事越精彩，觀眾聽的越認真。

而且能上台分享的業界人士，大多已經在自己的專業領域取得相當的成就。

不過有些人分享的內容太過雞湯，儘管都是真實的生命故事；但很容易讓觀眾產生不切實際的幻想，比如：「成為工程師就能領高薪！」、「我就是因為叛逆才有今天！」、「跟隨心中的想法就能實現夢想！」

高中是一個對未來迷茫，但容易有衝動的年紀；大多數人在這個階段，對每個行業的認知還非常片面，**容易只看到好的一面，而忽略選擇背後要付出的代價**。

有些行業即使用盡全力也未必能獲得回報，像是人文藝術、競技運動領域，在這些領域想獲得成就，除了天賦外還需要機緣；**也許有人會告訴大家要勇敢追夢，但通常會鼓勵勇敢追夢的人，是因為他已經實現夢想了，這本身就是一種倖存者偏差的狀況。**

我不反對追夢，但人要有自知之明；**如果發現自己沒有這個潛力，與其定一個有野心的夢想，還不如選一個能實現的目標。**

1-3 大學讀不到一年，就被退學

在準備演講的過程中，我跟一位朋友聊了很多，我們都是大安電機科畢業的，如果沒發生意外，我們未來應該都是工程師。

但在高二下學期，他突然對設計產生濃厚的興趣，甚至放棄統測考學測。他是個有天賦的人，儘管準備時間不到半年，還是順利的考上實踐大學設計學院。

冒這麼大風險轉換領域，如果一切順利，他可能也會回學校分享自己的心路歷程；不過很可惜的是，**他讀不到一年就被退學了**，因為在踏入設計的領域後，他發現這一切跟過去想的完全不一樣。

他原以為藝術是在有靈感的狀態下悠閒創作，但現實告訴他需要在期限內、用指定的框架創作。

但朋友因為過去的基礎不夠扎實，所以要靠熬夜才能勉強趕出作品，但就算如此，他還是經常被退件。幾個月後，**他覺得不管多努力也無法跟上進度，於是開始翹課，過著行屍走肉般的日子直到被退學。**

也許有人會想，他放棄統測是因為電機唸不下去嗎？

不！他的班級排名長年維持在前 10，上臺科北科的機率是非常高的。

我分享這個故事，不是要大家放棄追夢，而是想提醒大家：「在認知有限的狀態下，我們容易做出錯誤的選擇。」

以筆者身旁的人而言，大多數勇敢追夢的人，現在生活都過得相對拮据，而且並不快樂。

其實人未必要放棄眼前的路才能追夢，關於這部分的故事，筆者會在「Part 3 用斜槓打破職涯框架」這個主題分享。

> **人生小故事**
>
> 投資理財也是一樣的道理，筆者身旁有個朋友，看到同事靠投資虛擬貨幣大賺一筆後，就挪用部分買房的資金去投資，想要兩房變三房。
>
> 結果沒想到短短幾個月，投入的 100 萬就賠到只剩下 10 萬出頭；原本能買頭期款 300 萬的房子，現在只能買 200 萬出頭的房子。
>
> 在能貸款 8 成的狀態下，就是 1500 萬與 1000 萬房子的差異。慘賠後，他被迫只能選擇地點更偏、更小、更老的房子。
>
> 在投資上，通常只有成功的人會拿出來炫耀；而失敗的人往往悶不吭聲，像這位朋友就不敢跟他老婆說，是因為投資失敗才選現在這間房子。

1-4 結語：每個人的人生，都是自己選擇而來的

這本書我原本打算分享自己認為「正確」的選擇，告訴大家怎麼樣可以少走彎路；但後來想想，每個人都是獨立的個體，有不同的學歷、工作、財力、背景，即使做出所謂「正確」的選擇，也未必能獲得一樣的回報。

就像 30 年前買房的難度，跟現在是完全不一樣的；有時一個人的成功並不是他有多努力，只是剛好參與到總體經濟的進步。

但大多數人在分享自己的成功故事時，總是會習慣性的把原因歸咎於「努力」，但很可能一切都只是機緣巧合罷了。

之所以第一篇文章就分享失敗案例，是希望能給大家一些「警惕」。就算後面看到很有共鳴、感覺很棒的技巧，也請謹慎評估；畢竟你的人生只有自己能負責，千萬不要盲目追隨，**我也是一個倖存者偏差的案例，適合我的，未必適合你**。

我在下一篇文章，會分享自己高中時期靠差異化競爭累積優勢的技巧；但我是因為「自己有興趣」才能做的這麼起勁，只是結果剛好讓我累積了與眾不同的優勢。

如果當時是別人逼我這麼做，我是不可能堅持這麼久的；提醒讀者，**如果你沒有興趣只是一昧地模仿，最終反而會失去自己的風格**。

CHAPTER 02

> 我跟別人有什麼不同？
> 如何透過差異化競爭累積自信

....
斜槓這件事，筆者從高中就在做了。
....

原本讀高職並不在我的人生規劃，但這個命運的偶然，讓我深刻體悟到「差異化競爭」是多麼重要的事。

甚至可以這麼說，如果我當年上的是普通高中，估計現在會極其平凡；就讓我透過這篇文章，跟大家分享我人生中的轉捩點吧。

2-1 你不用很強，但要夠特別

這個觀念很重要，因為絕大多數人都是普通人，我們沒有過人的天賦，無論多努力也贏不過那些天才。

讀高職時儘管學業壓力不大，但家母對我有極高的期待，只要我稍微放鬆，她「愛的叮嚀」便會即時出現。

但我又不是一個喜歡唸書的學生，**為了讓自己表面上看起來很上進，我選擇去考證照**，在高一升高二的暑假，我**額外考取了 5 張證照**。

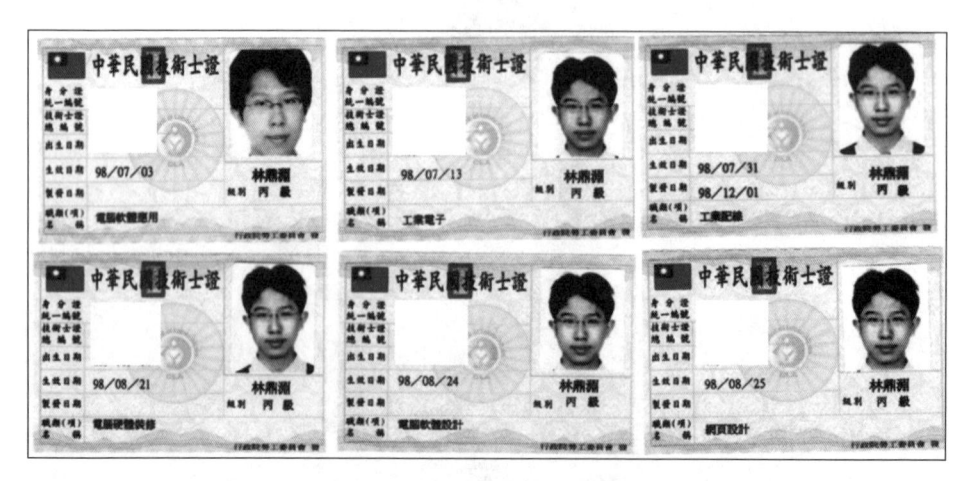

▲ 圖 2-1　正是這 5 張額外的證照，推動了我命運的齒輪

說實話，丙級證照只要熟悉術科、背好學科，考試的難度並不高；但真的去考這麼多張證照的人並不多，因為就算考到了，對升學、職涯並沒有太大幫助。

但就因為這個特別的舉動，我獲得了意想不到的「機會」。

> 還有個意外收穫，某次有間酒吧做了一張證照就能免費換一杯酒的活動，這時我就免費換了 8 杯酒（大學又考了兩張國際證照），當時接待的服務生超傻眼 XD

2-2 獲得機會，跟掌握機會是兩件事

大多數丙級證照的通過率都超過 75%，但也有少部份的證照難度較高；其中「電腦軟體設計」是筆者印象最深的證照，因為當時參加的那場通過率只有 17%。

> 想當初，筆者是用 Visual Basic 6.0 來考這張證照的（還有人記得這個程式語言嗎 😅）。

因為考了很多證照，我因緣巧合地認識了**當時擔任圖書館主任的許益財老師，他是我一生的貴人**。我在擔任學校圖書館志工時，與老師建立了深厚的聯繫（甚至人生第一次出國，也是老師向學校推薦的，這趟旅程全額補助）。

與主任說明我取得了哪些證照後，就被轉介給「電腦研究社」的指導老師，接著被邀請參加當年的「台北市電腦軟體設計競賽」。

當初收到這個邀請的時候，其實是想拒絕的，因為我很清楚自己能考取這張證照，是因為把術科全部的程式碼都背下來了。

對！你沒看錯 ... 當年沒有任何程式基礎的我，就是這樣矇混過關的。

不過聽到參加比賽就可以不用上課，還有一個場地讓選手集中培訓後，我就決定參賽了；因為對我來說，「不上課」跟「當選手」這兩件事很特別，比上課讀書更有吸引力。

> **當選手其實比上課讀書更累**
>
> 記得當年集訓時，要從早上八點一路寫程式到晚上九點，偶爾回教室考試上課反而像是一種放鬆。
>
> 因為解題的過程每分每秒都在瘋狂消耗腦細胞，這遠比坐在教室聽老師講課，或寫那些代公式就有答案的題目更加勞心費神。

這個比賽分為「初賽」和「決賽」兩個階段，因為初賽只有筆試，所以我輕鬆過關；而決賽則是要在現場寫程式解題，儘管經歷過一段時間的特訓，但臨時抱佛腳顯然在正式比賽中沒多大用處，3 個小時過去後，我毫無懸念地成為炮灰。

不過當年團體賽還是靠隊友拿到了第一名，這是我第一次體會到「抱大腿」的重要性；你未必要成為團隊中最強的人，但一定要進入強者的圈子。

在這場比賽中，我有三個收穫：

1. 多學幾項技能，有時會獲得意外的機會。
2. 運氣可以讓你獲得機會，但沒有實力，給你再多的機會也沒有用處。
3. 透過比賽認識的「人脈」，有時比同學間的情誼更加深刻。

> 這場比賽我最大的機緣應該是認識「楊凱霖」學長，如果沒有他，我大學應該不會從電機轉到資工。

2-3 人，需要一場勝利，然後記住這個感覺

比賽輸了後，我又回歸自己平凡的人生；直到某天經過圖書館時，剛好看到同班同學在跟老師討論小論文比賽的最終版本。

等同學與老師討論完後，我不知道哪根筋不對，突然向老師詢問：「請問您可以當我小論文的指導老師嗎？」

老師應該也被這個問題嚇到了，因為這是我們第一次見面，連彼此的名字都不知道，而且「隔天」就是比賽的截稿日了。

但與老師了解完比賽的規則後，我還是決定參賽了（當時的我甚至連題目都還沒想好，這個決定現在回想起來依舊不可思議）。

> **Tips**
> 許多人面對機會時總是猶豫不決，而我在面對機會時總是先做再說，至少失敗了不留遺憾。
> 這個人格特質讓我在獲得許多機緣的同時，也讓我失敗的經驗遠超常人。

這場比賽我花了一個晚上完成草稿，並在隔天利用下課時間詢問老師的建議，放學優化完細節後就直接上傳小論文了。

當時我對這場比賽不抱任何希望，畢竟只是一時隨興的參與，沒有得獎理所當然；結果沒想到公佈成績時竟然得獎了！

這邊要特別感謝周佳嵐老師給予的協助，如果當時被拒絕，也許我現在的命運就不一樣了。

這個獎對我的人生來說，真的意義非凡，因為：

1. 在這之前，我這輩子從來沒有在任何比賽中拿過個人獎項，它幫我打了一劑強心針；**不管後續贏了多少場比賽，我都不會忘記這個「起點」**。
2. 之前當選手時疏於課業導致班排倒數，還因此被家人唸了一頓；但因為這次有得獎，**原本希望我乖乖讀書的家人，更願意讓我做多方的嘗試**。
3. 如果這場比賽沒有得名，我不確定自己未來是否還會主動參賽，畢竟成績下降也讓我蠻恐慌的（但因為接下來持續參賽，所以畢業的名次真的挺難看）。

在獲得第一場勝利後，我比賽的竅門彷彿打開了；於是筆者接下來的高職生涯都在參加各種競賽、活動，從下圖來看，這戰績應該還算小有成就。別人**拿市長獎是因為成績第一，而我的市長獎是因為贏得的比賽夠多**。

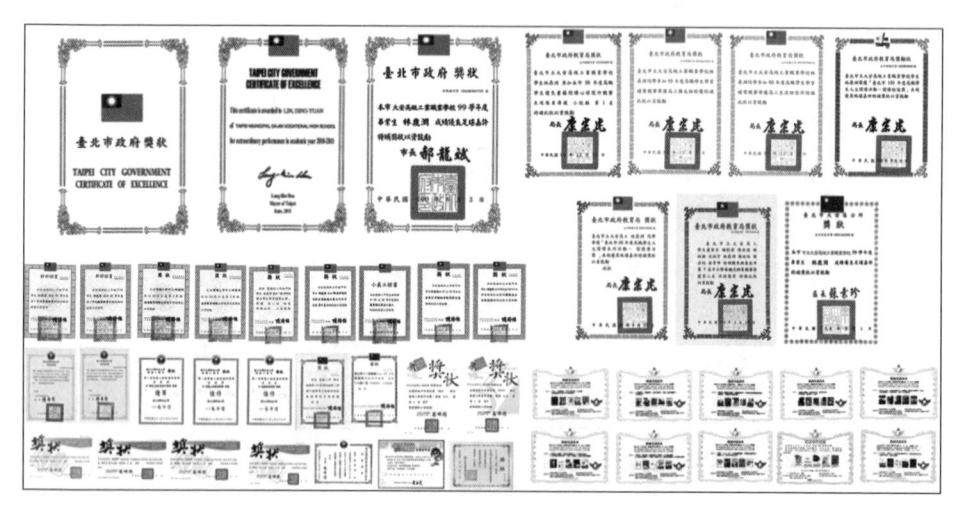

▲ 圖 2-2　0 到 1 是突破，1 到 100 不過是積累罷了

> **Tips**
>
> 除非你很有天賦，不然請從小型比賽開始參加；**在初期累積自信是最重要的事，如果努力看不到成果，任何事情都很難堅持下去。**
>
> 這讓我想到台灣桌球名將「林昀儒」的故事，他小時候受訪時被問到為什麼喜歡打桌球，他的回答是：「因為都會贏啊，呵呵」。
>
> **興趣與自信，很多時候是建立在一次次的勝利之上。**

能拿到這麼多獎狀，當然脫離不了貴人的幫助；當時在學校擔任輔導室主任的林浥雰老師，指導了我生涯學習檔案的製作，並讓我從高中開始，就「有意識」的在累積自己各方面的履歷。

2-4 「國文」是影響我一生的科目

有次筆者回大安高工分享自己從高中、大學，到出社會工作的人生經驗。

在結尾 QA 時，有個同學的提問讓我印象深刻：「學長，請問你出社會這幾年來，覺得當初學校教的哪個『科目』對你影響最大？」

收到這個問題的時候，我大腦轉了一圈，最終給出了一個連我自己都嚇一跳的答案：「我覺得是**國文**。」

當我說出這個答案時，底下學生全都笑翻了，我也沒想到這個回答比演講中安排的任何一個笑話還更有「笑」果；等大家稍微冷靜下來後，我再跟他們分析為什麼我覺得「國文」給我的幫助最大。

以筆者的從業經驗來說，大多數的工程師在工作 4~7 年後都具備相當的專業素養，但如果想要在職場上更近一步，「國文」的重要性就變高了。

良好的國文能力，在以下幾個面向對工程師的職涯有很大幫助：

- **溝通能力**：在工作中我們不免要與同事、主管、客戶打交道。好的國文有助於清晰、有效地表達自己的觀點，不但能促進團隊間的合作，還更容易取得好的工作成果。
- **撰寫技術文件**：工程師並不是把功能開發完就沒事了，他還要撰寫技術文件（ex：API 文件、測試報告）。一份優秀的技術文件，除了能同步技術資訊，還能幫助開發人員日後回憶。
- **提案和報告**：如果你負責主持一項專案，那勢必要撰寫提案，並定期向高層報告。如果能在提案與報告時清晰表達自己的思路，那高層會對你印象深刻，增加未來升職與加薪的籌碼。
- **學習能力**：在日新月異的科技領域，好的文字理解能力可以使你更快掌握新知識，提高學習效率。
- **跨領域合作**：隨著職涯發展，你的合作對象將不限於工程師，你可能要與其他領域的專家，或是沒有技術背景的人溝通。此時，語文能力能幫助你用白話的方式，讓其他人理解自己的專業。

相信文章看到這裡，大家都能體會「國文」的重要性了；過去我們被交代撰寫技術文件、提案報告的時候可能會不情不願。

但該完成的任務還是要完成，反正時間都要花下去，與其寫出一份大家都不滿意的文件，還不如多花點心思，嘗試寫出能幫助大家的文件。

培養出這個好習慣後，你會發現，**其實這些文件是在幫助未來的自己。**

> **小提醒**
>
> 這不是在說技術不重要，若工程師沒有持續精進技術，就像少了利爪和尖牙的老虎，是很容易被市場淘汰的。建議讀者就算擔任管理職，還是要保持對技術的敏感度。

高中三年，我讀了超過 100 本課外讀物，寫了 50 篇好書推薦的文章，並參加了多場文學競賽，這背後的推手是當年悉心教導我的國文科林淑芬老師。

現在回想起來，最重要的不是拿了多少張獎狀；而是這些訓練培養了我**寫作的習慣、對文字的敏銳度**，讓我經營自媒體時有比別人更高的起點。

2-5 結語：人少的路，能看到不同的風景

曾經有人將大安高工比喻為高職界的建中。

也許這樣說會讓部分讀者感到不適，**但比賽不只看你有多強，還要看你的對手是誰。**

所謂「差異化競爭」，就是讓你在人群中引人注目的方法；比如：在重視成績的班級多考幾張證照、讀電機科去參加資訊科的比賽、在高職比文學競賽...

「違反常理、與眾不同的舉動」能讓普通人獲得不少優勢，在高職的比賽中，你不用有太高的天賦，只要肯下苦工，就能贏過大部分的人。

在這裡，只要付出努力，就能看到成果！

> 這裡說的比賽不包含金手獎、全國技能競賽這個級別；因為努力在這些比賽只是基本，大家都想獲得前幾名爭取保送，沒有一定的天賦是很難取得成績的。

大安高工應該是我人生最順的一段時期，這段回憶讓我在大學前三年充滿挫敗的時光中，沒有放棄希望。

> **筆者實話實說**
>
> 儘管我上學期間不務正業、畢業時班排倒數,但還是有考上北科,而當時班上有超過 2/3 的同學錄取臺科、北科。
>
> 當年考基測時,其實我們都可以上公立高中(平均 PR 值 90 左右),但這種不上不下的水平,之後想考國立大學還是得努力讀書。
>
> 不過如果選擇讀高職,我們就可以輕鬆成為競爭環境中的佼佼者(寧為雞首不為牛後的概念),**選對環境,人生真的可以走捷徑。**

CHAPTER 03

沒有白走的路！
如何找到自己的
天賦

> 今天很殘酷，明天更殘酷，後天很美好；
> 但大部分人死在明天的晚上。—— 馬雲

比周圍的人更快理解、上手，有自己獨特的觀點、直覺，且成果受到普世價值觀的認同，這就是筆者認為的「天賦」。

3-1 寫程式，是需要天賦的；就像數學很難靠時間與經驗彌補

儘管很多雞湯文都說天賦的差距可以靠努力突破，但在現實世界中，僅有極少數的人能夠辦到。

因為大學是電機轉資工，所以程式能力跟從資訊科考進來的人相比，我的基礎非常薄弱（只有比賽那段時間有接觸程式）。

而班上大概有 10 個人是選手出身，我在他們身上看到了所謂的「天賦」；比如說遇到難題時，大部分的人是去「尋找」解決方案，而他們則是「想到」解決方案。

當然其中有經驗累積的成分在，但業界其實有不少工作 10 年以上的資深工程師，儘管花了很多時間「尋找」，但最終還是沒有找到合適的解決方案，因為有時解決方案是需要自己「創造」的。

> **筆者碎碎念**
>
> 許多課程廣告都喜歡宣傳「學會 AI，零基礎都能寫程式」。
>
> 通常標題越唬爛，報名越踴躍，畢竟自欺欺人是最大的商機；他們賣的不是 AI 技術，而是在賣「想靠 AI 發財的幻想」。

> 儘管零基礎的人在 AI 的幫助下，的確有機會完成一些簡單的功能；但最大的問題在於，**零基礎的人沒有判斷資訊對錯的能力。**
>
> 如果缺乏相關領域的知識，那結果就是 AI 是什麼，你就是什麼。**AI 是錯的，你就是錯的。**
>
> 因此遇到進階、複雜的問題時，可能會束手無策，或是往錯誤的方向前進。**專業在 AI 的時代依然非常重要，有經驗的人才知道什麼是合適的解決方案，才能讓 AI 成為自己的最佳助手。**

為了測試自己用盡全力可以離選手多近，在大一上學期我每天花 8 小時寫程式、刷題，在第一次 C 語言的上機考也拿到 93 分的成績。

93 分在班上也算是前段班了，不過以程式上機考來說，班上的分數呈現 M 型化分佈，不是不及格，就是 85 分以上；而這個 M 型化並沒有隨著時間推移改變，**即使是資工系，有些人直到畢業還是不太會寫程式，轉系留級都是常態。**

程式是很殘酷的，結果不是 0 就是 1，只要沒結果，你中間的努力都不算數。

> 換個說法大家可能更有感覺，筆者身旁有位朋友國中三年都補數學，每天在補習班問問題問到 11 點，但數學還是常常不及格，摒除唸書方式可能有問題，剩下的就是天賦了！

這段努力的時光讓我認知到，只要夠努力，我在程式方面還算擁有「不上不下」的天賦，至少未來有辦法靠這項技能混口飯吃。

文章寫到這裡不禁想到一段話：「別人考 100 分，那是因為滿分只有 100 分；而你考 93 分，是因為你的實力就只到 93 分。」

> **業界的真實狀況**
>
> 軟體工程師是一個薪水範圍相當廣的職位，底層的年薪可能不到 50 萬，頂尖的卻有機會超過 1000 萬。
>
> 之所以會有這麼大的差距，除了年資、產業的影響外；最大的原因是「品質」與「效率」。頂尖工程師的效率比底層工程師高出 10 倍是很正常的一件事，而且通常做出來的品質還更好。

3-2 3年23場比賽，我連一場都沒贏過

了解自己程式方面的天賦後，我又開始做一些「不務正業」的嘗試（這個行為現在被稱為「斜槓」）。

因為高中時期參加各種比賽都獲得不錯的成績，尤其在「文學」領域幾乎戰無不勝；過往的成就讓當時的我產生迷之自信，認為自己在文學方面肯定是天賦異稟。

於是涉世不深的我，積極參加各種文學獎比賽；只要比賽項目包含「散文、小說」我就去比。從大一到大三，我大大小小的比賽共計參加 23 場；甚至在 19 歲的時候，就已經寫完一本 10 萬字的小說。

但參加的比賽不僅「全部落榜」，連投稿到出版社的小說也都「石沈大海」。

連續 3 年的失敗，讓我深刻的體會到：「過去之所以會贏，是因為選對了對手；現在之所以會輸，是因為選錯了對手。」

3-3 如果專項贏不過別人，那就試試看複合領域

在大四時，為了湊滿選修學分，我修了「創業管理」這門課。

如果只看課名，應該很多人會覺得這是門「聽演講混學分」的課程（當時我也是抱持這個想法）；但在聽完第一堂課程大綱說明後，我便意識到這是門「非常累」的課程，**因此有超過一半的人在第二堂課直接退選。**

這堂課累的地方在於，「創業管理」是跟你玩真的！它是為了「比賽＆實務」而生的課程，每個禮拜都要小組競賽＋上台簡報（還要輪流當主持人＋場地佈置＋會議紀錄＋影片／網頁發表＋經營粉絲專頁），學期中開始要「多次」跨校競賽，學期末要將產品實體化做成果發表。

▲ 圖 3-1　請業師來參與評分時的合影

為了讓每個小組成員都有各自擅長的領域，老師把一個系的同學強制打散到各個組別；所以小組成員大多都不認識彼此，非常考驗大家的社交與溝通能力。

以結果論來說，我很感謝當時的自己選修這門課，還修了不只一次（第二次以助教的身份參與）；它讓我在出社會前，了解到什麼是跨部門溝通、團隊領導統御、產品發表技巧，同時也讓我意識到自己真正適合的領域。

我很清楚自己在「技術、文學、管理」任何一個領域都達不到頂尖水平，但如果把競爭的項目改為「技術 + 文學 + 管理」，我的綜合戰力就會上升非常多，至少能跟頂尖團隊一較高下。

▲ 圖 3-2　當助教時與成員們的合影

> **Tips**
>
> 如果在單一的專業領域無法到達頂尖,那可以嘗試學習第二、第三技能,然後把這些知識揉合在一起,使自己成為獨一無二的人才。
>
> 這個技巧在 AI 時代尤為重要!

3-4 只要你還沒放棄,其他人也會被你的意志影響

其實「創業管理」這堂課修起來,比想像中的「更累」且「更不順利」,這邊就來聊聊筆者遇過的困境吧。

過去都是單打獨鬥(學生時期的組隊不是你 Carry 別人,就是別人 Carry 你),突然變成真正的團隊作戰其實有很多需要學習的,比如:

1. 每個人來自不同系,彼此的想法很難統一。
2. 每個人修課的理由不同,你想得名,但其他人只想躺分。
3. 因為不同系,在缺乏連結的狀態下,有些人說失蹤就失蹤。
4. 大家彼此不認識,在定出領導者前,合作與溝通會相當混亂。

第一次修這堂課時,我是團隊中對比賽最感興趣的人;而其他成員雖然沒到不感興趣,但也不想花太多時間在準備比賽上。

隨著時間推移,這個狀況越來越嚴重,**而且磨合的過程未必會解決問題,有時還會製造出更多問題**;當時距離期末剩沒幾個禮拜,如果問題再不解決,基本上就是等著翻船了。

這個學期我們的提案是用樂高拼裝的概念,做出不同功能的旅行分裝罐;一開始請有製作模型專業背景的組員協助,結果到正式 Demo 的前一天,他才

突然說遇到技術問題無法 3D 列印，**因為連組內的專業人士都放棄了，所以其他成員就選擇躺平。**

但我偏偏就是那種「**就算所有人都放棄希望，我還是會一個人堅持到底**」的性格，儘管沒有任何製作模型的經驗，我還是去文具店買了保麗龍，自己手工切割、用色紙做包裝，最終在天亮時完工。

這次經驗讓我深刻的體會到，不是因為看到希望才選擇堅持，而是因為堅持**所以才看到希望。**

儘管當時成品的外觀不太理想，**但我那晚的努力，直接改變了團隊的氣氛；**因為局面已經從「穩輸」變成「有機會贏」，人在有希望的時候往往願意多做一點努力，而團隊也很幸運地在隔天比賽獲得第一。

從這次的勝利開始，團隊的凝聚力越來越強，接下來每週的比賽也成為常勝軍，最終在跨校競賽中取得了第二名的成績。

▲ 圖 3-3　組員向業師 Demo 產品概念的照片

> **請養成備份的好習慣**
>
> 我很努力的挖照片,但最終只找到這張略顯模糊的 Demo 照片;這故事提醒我們,重要的紀錄要備份在雲端,否則時過境遷根本找不到。

3-5 乒乓,一個從「勝負」去思考人生的動漫

▲ 圖 3-4　圖片來源:乒乓動畫

說到比賽,我想跟大家推薦一部名為「乒乓」的動漫,他不是傳統的王道漫畫,甚至畫風有點非主流(如上圖);但我還是建議大家先硬著頭皮看完第一集,也許你會被他獨特的劇情打動。

這是一個「尋找自我定位」的故事:

1. 努力但沒天賦的人,能贏過有天賦但不努力的人,不過絕對贏不了有天賦又努力的人。

2. 有天賦又努力的人，贏不過比他更有天賦又更努力的人。
3. 如果用盡全力追求一件事物，最後只換來無盡的疲憊與壓力，那也許選錯了路。
4. 如果選錯了路，那努力與天賦其實都不重要了。

> **筆者有話要說**
>
> 每當人生遇到瓶頸時，我都會回去複習這部動畫；我不是拿它來激勵自己，而是透過它反思未來的行動。
>
> 這本書在創作之初，我其實非常迷茫，常常草稿寫了一半又全部刪除；回顧這部動畫的過程我才領悟到：「如果作品與內心的想法衝突，那創作的過程會非常痛苦。」
>
> 我過去痛苦的點在於「想為每篇文章搭配一個可執行的 SOP」，但越寫越不對勁；此時才發現我把過去寫工具書的習慣，帶到這本以故事為主的書上面。
>
> 可是「人生」這個議題，我認為每個人都該有自己的想法，而不是照著別人給的劇本走；想通之後，我幾乎把所有 SOP 都移除了，純粹以個人經驗分享觀點。

3-6 結語：找不到方向，可能是因為接觸的領域太少

很多事情在把時間拉長後，你才會發覺當時的努力是有意義的：

1. **文學**：儘管參加文學獎屢戰屢敗，但當我把這份經驗套用到比賽時（將寫腳本的概念應用在產品發表上），就能讓每個人清楚自己要講的話與扮演的角色，以此保證上台的穩定度與 Demo 品質。

2. 技術：雖然大四的技術水平有限，但理工的底子讓我能判斷方案的可行性，並有能力將產品的 MVP（最小可行產品）製作出來。
3. 管理：縱然我過去沒有領導統御的經驗，但在團隊成員都不積極的狀態下，努力做事的人就會自然而然的成為領導者（這個道理出社會亦然）。

其實別說是學生，許多人在出社會後還是找不到自己的定位。

我認為有時找不到定位，是因為接觸的領域不夠多，因此缺乏比較的基準。

而所謂「天賦」也未必只侷限在單一領域，有時複合領域才是你大顯身手的地方。

如果說大學的歷練幫助我找到自己的定位；那接下來的軍旅生活，就是讓我獲得超乎常人意志力的磨練。使我在職場上面對困難與挑戰時，有更好的心理素質。

NOTE

CHAPTER 04

沒有意志力？
那是因為缺少
環境的約束

人的極限，是根據環境來定義的

無論學校還是社會，只要你想，隨時都能離開（休學／退學／離職）；不過一旦踏入軍營，這就不是你說來就來，說走就走的地方了。

筆者目前工作近 10 年，遇過各種奇葩的主管、同事、客戶，也在高壓不合理的環境待過好幾年；但到目前為止，我認為工作再苦，都遠遠不及當兵的苦。

> 美國名將麥克阿瑟，曾說過一句讓退伍的人很有共鳴的話：「給我一百萬，要換取我的入伍回憶，我不願意；給我一百萬，要我重新入伍，我更不願意！」

故事開始前，先讓大家了解筆者當兵時待過的單位：「新訓 → 憲訓 → 士官訓→ 總統府」

受訓的故事跟「新兵日記」演的差不多，就是吃得比較差、夏天沒冷氣、訓練有點累，這些大家都知道的事筆者就不再贅述了（不過前幾年教召時，發現環境設施已經升級了不少）；這篇文章主要分享的內容，也許更接近「奇聞軼事」。

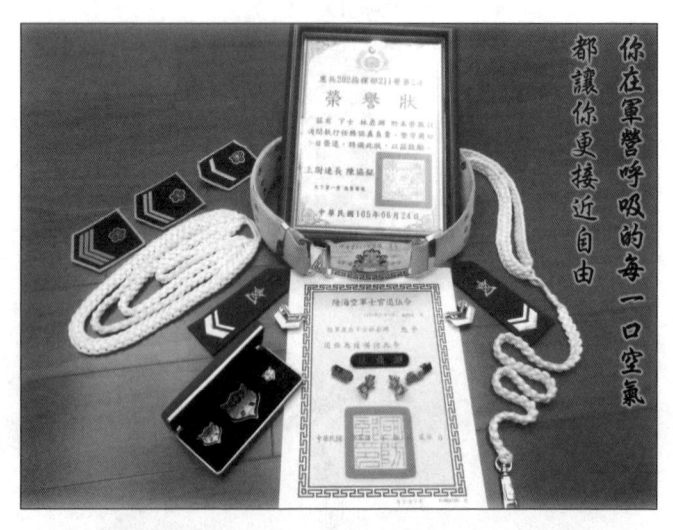

▲ 圖 4-1　當兵的時候我熱衷做長輩圖來紓解壓力

4-1 不要為了蠅頭小利，讓自己承擔多餘的風險

其實我原本可以當爽兵，因為在新訓的時候，我就已經被憲兵指揮部選去當資訊兵。

但人有時候就是會沒事找事（尤其我這種人），在憲訓的時候，有次長官集合部隊，問大家想不想考士官當班長；但當時台下根本沒幾個人有意願，於是長官拋出誘餌：「只要報名考士官，不管有沒有考上，都會讓你放么八假！」

> 么八假：讓你在下午 18:00 離營，不用待到隔天早上 8:00。

因為當時軍中無法使用智慧型手機、伙食不合胃口、對外通訊受限制（只能用電話卡），在這個與現實世界隔離的環境中，哪怕是一分鐘，大家都想早點離開；因此**么八假這個誘餌**成功讓現場超過 1/3 的人舉手報名，而我也是其中一人。

到了考試現場後，我從頭到尾都用猜的，大概只花 5 分鐘就交卷了，交卷後我心想：「全部都亂寫，這樣總不可能會上吧？」

但人生總在你沒防備的時候給你一記重拳（莫非定律），我一向很差的考運，好死不死的在這個時候大爆發；印象中總分是 180 分，**只要超過 100 分就會錄取，我的成績單在印出來的時候上面寫著「101 分」**。

此刻，我好像瞭解什麼叫做命中注定，還…不做死就不會死。

> **筆者碎碎念**
>
> 曾經有人問我:「你未來一年的規劃是什麼?」
>
> 我老實地回答:「我沒有規劃。」
>
> 對方一臉不信:「可是你每年都做了好多事!」
>
> 我無奈地答道:「我命格特殊,總是有各種偶然的事件主動找上我。只**要機率夠低,我就會遇到**。」

4-2 有些經歷可以講一輩子,但你不會想體驗第二次

其實當士官也沒什麼,就是比一般兵忙一點而已。

直到某天有總統府的長官來到營區,並召集大家宣傳進總統府的好處:

1. 保證待在台北(當年義務役士官一個月薪水才一萬二,如果離居住地太遠,光車錢就有得你受)。
2. 一天 3 班哨,空閒時間可以自由運用。
3. 當兵只有一次,為何不挑戰「天下第一營」的最高榮譽?
4. 在營區可以使用智慧型手機(當時其他營區只能使用智障型手機)。
5. 伙食超級好吃(來的長官白白胖胖,很有說服力)。

在聽完宣傳後,可能是兵當太久腦袋有點不靈光,我竟然主動報名;不要以為只有我的腦袋被撞到,當時同期有 60% 的人報名,可見來的長官有多會宣傳。

不過等報名表交出去後,我們才發現自己忘記**總統府是憲兵裡面最硬的單位,就是因為沒人想去,所以才要派人來宣傳啊**(如果有人跟你分享輕鬆賺大錢的消息,那十之八九是詐騙,這麼輕鬆哪需要宣傳?)

不過總統府只錄取兩個人，我想自己不會又被挑到吧？正當我這麼想的時候，輔導長召集大家到會議室公布錄取名單，恩…我就是那個被國家最高行政機關選中的男人。

4-3 意志力的上限，是由環境所決定的

本篇文章為個人經驗，僅供參考，如有雷同概不負責。

進總統府後，我只要一放假就會連續睡 12 小時以上；儘管進來前就知道會很操，但真的沒想到會這麼操…

儘管這裡發生了許多可以上新聞的故事，但基於保密協定不方便多說；不過可以稍微聊聊在這個單位會承受哪些壓力：

1. **服儀規定**：當年武裝哨都是穿著甲服，無論春夏秋冬都是長褲長袖長靴鋼盔；所謂的甲服，就是對服儀要求近乎完美，上哨前衣服褲子都要用**熨斗燙線，不能有皺摺，長靴要擦到能當鏡子**，因此光是整理服儀就佔用了非常多的休息時間。

2. **站哨壓力**：因為總統府位於市中心，除了周圍會有路過的民眾，還時常有長官經過；如果站 37 步、彎腰駝背、動來動去被發現，那下哨後就要倒大楣了。

3. **應變能力**：有時會有精神異常，或是對政府不滿的民眾路過，如果站哨打瞌睡真的會有生命危險（新聞案例：砂石車衝撞總統府、憲兵被武士刀砍）。

4. **記憶能力**：對時常進出的車牌號碼、官員外表與姓名都需要爛熟於心。

5. **體能極限**：在總統府每班哨都要承受極大的壓力，上哨前要考當日情資，上哨中要保持警惕，下哨後還要處理許多瑣事無法休息；而且幾乎每天都要輪夜哨，因此大部分的弟兄都睡眠不足，以筆者來說，當時能

連續睡 4 個小時就已經是一種幸福，因為一天至少要站 3~4 班哨，甚至人手不足時可能要站二歇二（站哨兩小時，休息兩小時，然後繼續站哨兩小時），因此我們都戲稱自己為狂「站」士。

進總統府前，我覺得自己的抗壓性挺不錯的；但進去後我才發現，原來自己的抗壓性還有這麼大的成長空間。

出社會這麼多年，每當工作遇到困難，或是不合理的事情時；我就會回想當年的軍旅生涯，想著想著，就覺得眼前的問題不是問題。

▲ 圖 4-2　放一張很殺的中二照片

4-4 結語：環境會逼出一個人的潛力

這篇文章並不是鼓勵大家挑最難的路走，只是想讓大家知道，所謂的「極限」都是自己想像出來的；**當環境變成不可抗力後，人的求生本能會盡可能讓你去適應它**。

但是也請量力而為，因為當年勤務過度繁重，導致我當兵後期頻繁進出醫院；甚至退伍多年後，腳在換季時還是經常出狀況（嚴重時連走路都有困難）。

儘管這些故事回憶起來很有趣，但後遺症讓我在舊傷發作時要靠止痛藥才能撐下去。**痛苦會習慣，但不會減輕**。

其實這段軍旅生涯累的非常純粹，在總統府因為勤務繁重，所以沒什麼勾心鬥角，有狀況時大家都會互相照應；反倒是出社會後，有些閒到發荒的單位，整天都在玩權力遊戲。

> **筆者碎碎念**
>
> 當過兵的男生，只要聊到當兵的話題就有說不完的故事。就算第一次見面，也能像個老朋友一樣聊的很興奮。
>
> 因為當兵對大多數的男生來說，是一種強制「脫離舒適圈」的經驗，而軍營裡經歷的事情絕對稱得上「震撼教育」，越苦的日子記憶越深刻，即使退伍多年依然記憶猶新。

軍旅故事就在這裡告一個段落，接下來要踏入職場，接受現實社會的洗禮。

PART 2
把自己當一間公司在經營

比努力更重要的，是知道自己在做什麼，不要被「天公疼憨人、吃苦當吃補、吃虧就是佔便宜、戲臺下站久了就是你的…」這些鬼話給洗腦。

我的本職是工程師，但我以「公司」的角度規劃自己的未來。

如果把自己當成「公司」，就會開始思考如何將「收益最大化」；此時提升專業只是其中一個選項，在脫離特定角色的侷限後，你會發現自己原來能做這麼多事。

提醒讀者，我的觀點你未必全部認同；但如果打算把任何觀點付諸實踐，請先做好評估，因為只有你能為自己的人生負責。

Ch05 工作好累！壓力爆表！我的付出值得嗎？
努力是為了將來的可能性，還是只想證明自己的奴性？

Ch06 理解越全面，越有談判的資本
即使做同一份工作，也可以透過跨部門溝通、主動安排任務、嘗試不同職位…等方式來跨出舒適圈。

Ch07 過去適合你的環境，現在未必適合你
人會變、環境也會變，在糟糕的環境中，合群有一個同義詞——「浪費時間」。

Ch08 接案不再鬼遮眼！賺錢還要賺履歷！
接案需要的不僅是專業，更像是需要十項全能的微型創業。

Ch09 為什麼付費諮詢，更容易看到成效？
免費的建議就像聊天，聽過就忘；但付費諮詢會有心痛的感覺，刺激你執行的動力。

CHAPTER 05

工作好累！
壓力爆表！
我的付出值得嗎？

> 在人才市場上,「人」就是商品,
> 包裝精美的容易溢價,賣相較差的容易折價。
> 所有想要的一切都要靠自己主動爭取,
> 在職場懂得「包裝」才有更多機會!

很多人都嚮往工程師這個職業,覺得只要成為工程師就能年薪百萬。

但很遺憾的,筆者國立大學資訊工程系畢業,第一份工作的起薪才三萬多,**換算年薪約五十萬左右**;而這已經是我面試多間公司後,相對比較好的一個結果了,周圍同時期(2016 年)找工作的同學也都差不多領這個薪水。

儘管大家起步都差不多,但隨著工作年資成長,根據個人選擇的不同,彼此人生軌跡的差距會越來越大。

我第一份工作是專門接案的純軟公司,員工人數約 15 人、採用扁平化管理,主要業務是承接政府單位的案子。除了主管外,工程師的年齡大多落在三十歲以下。

剛開始工作的第一年還可以正常上下班,加班也只是偶爾發生;但自從公司接到一個沒有同業想要競標的大案子後⋯

5-1 讓你當專案的主導者,是相信你,還是⋯

這份工作剛滿一年時,我便被指派擔任大型專案的主力開發工程師;一開始我以為這是主管對自己能力的信任,但與客戶開會後,我發現並不是這麼一回事。

這是一個總價超過千萬的專案,原本政府官員以為會有一個團隊參與開發;但實際上,這片天我要一個人撐起(不過開會時會多找一些人充場面)。

我在這份專案中要十項全能，所負責的職務涵蓋：

1. 專案經理
2. UI/UX 設計師
3. 前端工程師
4. 後端工程師
5. 客服人員

基本上從一開始的需求訪談、Wireframe 設計、MVP 規劃、易用性測試⋯到上線後的教育訓練都由我來主導；負責這個專案時，**我幾乎每天都在加班，常常搭末班車回家**。

但加班沒有加班費，在公司待太晚，老闆路過時還會跟你說：「公司給你筆電，就是希望你把工作帶回家，你不知道留在公司加班很浪費冷氣嗎？」

> **警告**
>
> 為了避免大家誤以為不給加班費很正常，筆者特別提醒一下，**加班不給加班費是違反勞基法的！**

5-2 客戶不滿意，就叫你立刻到現場給他罵

辛苦未必會獲得回報，記得當時客戶對我完成的 Prototype（原型）不太滿意；不只打電話到公司罵人，甚至叫我立刻到現場給他罵才解氣。

面對這種客戶，你覺得公司會怎麼面對？當然是**讓我馬上動身到客戶面前挨罵啊**！

因為前期規格頻繁變更，導致專案進度不如預期；所以官員叫我直接到政府單位駐點，他想在背後盯著我開發。

也許有讀者好奇：「政府官員看得懂程式嗎？」恩…他的確看不懂，但就是**希望我在他的眼皮底下做事**。

面對這種無理的要求，想當然的，公司當然是**舉雙手同意我去政府單位駐點**！

不過駐點並不是政府單位的極限，他們還導入了變形的敏捷開發；每天早上 9:30 跟下午 4:30 都要開 Scrum meeting 來檢視專案進度，並實際操作系統確認功能符合他們的需求，然後排定後續任務。

相信一天開兩次 Scrum meeting 這件事會讓人感到疑惑，不過也許有人已經猜到了，**他們下午 4:30 所訂下的任務，是要在隔天早上 9:30 驗收的**。

> **筆者碎碎念**
>
> 工作幾年後，我越發覺得這段日子極其荒唐。如果不是因為剛退伍奴性堅強，工作經驗不多懵懵無知，我絕對不可能在這樣的環境待超過一個月。
>
> 請大家記住一件事：「也許不合理的環境可以讓你快速成長，但不合理就是不合理，千萬不要在這個環境待久了，就把不合理當成理所當然。」

5-3 我需要一個有代表性的作品

相信看到這裡，應該很多人對筆者為何沒離職感到困惑，職場又不是軍營，面對不合理的環境根本沒有待下去的理由啊！

其實筆者在接到這個專案後，無時無刻都想著離職；畢竟無論自己多努力、加多少班，公司不但沒給加班費，連調薪的幅度都讓人覺得是一種羞辱。

但我還是把離職的衝動給克制住了，**因為我很清楚這份專案的價值，它是一個全國性的專案，如果能把它做好，那就是一份很難得的履歷。**

市場上的工程師這麼多，光靠技術與努力是很難脫穎而出的；你需要一些更「實際」的東西來證明自己的價值，一個代表性的專案，能讓你在跳槽時把自己賣到一個好價格。

> 這個專案的活躍使用人數，最高峰時期達數百萬。

在有話語權的時候，請勇敢為自己爭取

前面提到這個專案是我一個人撐起的，這代表所有技術細節只有我知道；因此看到加薪結果不如預期時，我直接跟總經理約一個會議討論薪資。

一開始我先說明這個專案的複雜度與自己的努力，並提到**專案在幾週後就要進行階段性驗收。**

整個談判過程非常順利，最終加薪幅度也符合我的期待。

有時談判的重點不在於你有多高超的話術，而在於你手上有多少籌碼。

我不是鼓勵威脅，但如果有人在看到你做出成果後依然繼續裝睡；假使你不主動爭取，那過去的努力不過是徒勞無功。

台灣傳統教育大多要求服從、被動接受，但出社會後你會發現當乖乖牌只會被別人認為你好欺負。

5-4 讓原本看不起你的人認同你

專案剛開始時，政府官員完全瞧不上我這個工作經驗才一年的菜逼八，甚至把我當狗罵；但隨著合作進行到尾聲，政府官員主動向主管稱讚我，並希望能幫我加薪、給予加班費（但…裝睡的人叫不醒）。

讓原本看不起你的人認同你，這對筆者來說是一件值得自豪的事情，因為這側面說明了自己的成長。

系統最後在 3 次全國範圍的易用性測試後正式上線，在上線後不久我便遞出辭呈；因為我已經完成階段性任務，並拿到這份履歷了，沒必要繼續委屈自己待在一個不合理的環境。

政府官員在得知我離職的消息後，馬上提供一個薪水還不錯的職缺，希望我可以繼續維護系統；不過剛脫離這個環境的我，怎麼可能會再主動跳進去呢？

5-5 結語：重點不是吃了多少苦，而是知道背後有什麼意義

無論是工程師還是其他職業，筆者認為**有一個代表性作品是非常重要的**，因為它能快速讓人對你產生記憶點。

在職涯初期「培養專業技能」是最重要的事，因為這才是你能帶得走的東西；甚至我會鼓勵大家，**主動去承接稍微超過自己能力範圍的任務。**

不要害怕失敗，因為職場對新人的失敗有相對高的容忍度；而且**萬一真的失敗了，最頭痛的其實是公司而不是你。**

很多行業都要加班，**但要認清自己加班是為了什麼**；如果加班只是在做一些重複、瑣碎的事情，那這對職涯並沒有多大幫助，只是證明自己很有奴性而已。

沒有人會把卑躬屈膝的狗，當成平等的人來對待。

想升官加薪，聽話，不是唯一的路。你做了什麼事，遠比你做了多少事更為重要。

但即使清楚加班是為了更好的未來，筆者還是建議量力而為。畢竟身體只有一個，長時間加班帶來的疲倦與壓力，不僅會降低你的睡眠品質，還容易導致易怒、情緒失控、健康亮紅燈。

經歷過這份工作的殘害後，筆者未來面試新工作時，都一定會詢問：「公司是否有加班文化？如果需要加班，是否有加班費？」如果公司連基本的勞基法都無法做到，那無論這份工作多吸引人，我都不會考慮。

不要被話術騙過去

有些公司被問到加班費的問題時，會避重就輕地回應：「公司沒有加班文化，我們鼓勵高效率的工作方式，大家都準時下班。」

這種模糊不清的回答，通常代表**沒有加班費**。其實筆者第一間公司也沒有加班文化，只是我剛好被指派到大專案，因此成為全公司唯一加班的人。

提醒大家，**大部分人準時下班，跟你不用加班是兩件事**，在接案導向的公司更是如此。

另外如果面對超額的工作量，要做的應該是即時反應，而不是默默承受；**畢竟現實社會只有軟土深掘，沒有表態就當作你可以接受。**

不過從結果來看，我還是很感謝這份工作帶給我的歷練；畢竟只有一年經驗的菜鳥工程師，很少有機會能代表公司與大客戶接觸，並親身經歷專案完整的流程，這裡我很感謝主管給我的信任。

最後給社會新鮮人一點建議，大部分的人在找第一份工作時，通常手上沒有太多的談判資本，如果你想盡可能避免地雷職缺，可以從以下幾點判斷：

1. **與面試官聊的愉快**：至少基本的磁場要合，如果連面試都不愉快了，那進去基本上只會更痛苦。
2. **公司符合勞基法**：責任制跟有沒有加班費是兩件事，就算面試官說公司基本上不會加班，還是建議問清楚，否則到時痛苦的是自己（除非你喜歡給老闆做功德）。
3. **在意的點都要問清楚**：新鮮人最常犯的錯誤，就是怕講實話公司就不錄用自己（ex：不接受博弈工作、常態加班、下班 On Call）；但試想一下，若到職才發現不適合，豈不是更浪費時間？請務必在面試時釐清彼此的需求。

當然以上建議會讓工作變得更難找，請讀者依自身情況調整。

筆者有話要說

我們都知道「能力越強，有越多的選擇權」，儘管這是廢話，但卻是大家公認的事實。

面試技巧只是讓你能展現出自己的優勢，如果本身的專業技能不夠扎實，就算騙到了 Offer 也只能爽快一時。

如果讀者是工程師，又對目前的職涯感到迷茫；也許我先前出版的「給全端工程師的職涯生存筆記」能給你帶來不同的觀點，書中會透過豐富的案例，幫你重新檢視自己的職涯。

CHAPTER 06

理解越全面，越有談判的資本

> 只做份內的事沒有錯，但如果想突破瓶頸，
> 勢必要做一些跟別人不一樣的事。

這篇文章會分享自己挑選第二份工作的邏輯，以及我是如何在第二份工作中，從工程師做到專案經理，最後站上部門技術主管的位置。

我在這份工作做了很多別人眼中「自找麻煩」的事情，但如果你只願意做分內的事，就不要期待未來會有不一樣的變化。很多時候只要多做一點，就能在公司建立自己的影響力。

這邊的「多做一點」並不是要你加班，而是要學會主動安排自己的工作；這不但能給別人積極主動的印象，還可以讓履歷的素材更豐富。

我這份工作做了四年多，內部調薪幅度超過 50%；
想要有好選擇，先讓自己有更多選擇。

6-1 選一個最需要自己的公司

第一份工作累積足夠的履歷後，我在第二份工作的選擇權高很多，而且更清楚自己的優勢在哪裡。

以網頁工程師來說，主要的職缺落在前端工程師（Frontend Engineer）、後端工程師（Backend Engineer）上面；而當時的我儘管前端後端都有涉略，但都沒有到達精通的水平。所以在面試的時候，我把目光放到全端工程師（Full Stack Engineer）這個職位。

其中有一場面試讓我印象深刻，當時面試官是公司的副總，簡單聊幾句話後，他便起身跟我說：「接下來，我要帶領我們雲端部門的團隊來跟你面試。」

幾分鐘後，他帶領一個人走進會議室，正當我疑惑的時候，他開口說道：「**如果你選擇加入我們公司，你就是團隊的第一位工程師。**」儘管我面試的是一間業務範圍跨足全球，員工達數百人的硬體公司，**但雲端部門才剛成立。**

這時，我就知道自己的機會來了，我拿出準備好的簡報，詳細說明自己是如何從零開始，獨自打造出一套系統的；因為同時兼任 PM、UI/UX、Frontend、Backend 等多重角色，所以面試被問到的所有問題，我都能清楚說明背後的設計思維與實務經驗。

在技術面試結束後，我就知道自己是公司要的人；所以最後與人資面談時，在期望薪水那欄，我寫了一個比當下薪水還要高出 30% 的數字，結果沒想到隔天就收到錄取通知了。

相較於第一間純軟公司，這間硬體公司較為注重階級、年資（大多數人都待超過 10 年）；全體職員的平均年齡落在 40 歲左右。

> **面試小技巧**
>
> 除了技術外，面試最看中的是表達能力，以及與職位的「匹配度」。
>
> 我會很多技能這件事，在有些公司看來是「樣樣通、樣樣鬆」；但這個特質如果放到需要全才的公司，我就是個難得一見的人才。
>
> 而且這份工作除了要會寫網頁外，還要與韌體、App 部門的同事溝通。恰巧過去與政府官員溝通的經驗在這時剛好派上用場，能側面證明自己具備跨部門的溝通能力。

6-2 透過跨部門溝通累積影響力

因為我是部門除主管外的第一位工程師，所以除了網頁前後端的開發外，公司內部的伺服器架設、GitLab CI/CD、GCP 雲端服務…等 DevOps、MIS 的任務都跑到我頭上。

除了上述雜事要處理外，當時公司會成立雲端部門，是因為公司販售的硬體設備為了符合法規，需要搭配一些雲端支援的功能；所以我們部門要提供 API 給韌體、App 部門的同事使用。

但隔行如隔山，因為雙方的專業領域不同，勢必需要有一方對另一方的技術有基礎了解才能進行開發；所以初期也花了不少時間釐清規格，並把討論結果彙整成彼此有共識的開發文件。

> 將自己擁有的專業知識，轉換成不同領域的人也能理解的白話文，是跨部門溝通相當重要的一個技能；如果彼此對話不在同一個頻道，那花再多時間也無法解決問題。

儘管部門後續有找新的前端、後端、DevOps 工程師與 UI/UX 設計師；但其他部門遇到問題時，第一個還是先想到我，導致我常常事情做到一半就被打斷思路。

我心想，這樣不行啊！儘管在部門外擁有不錯的影響力，但這是用自己的時間換來的。

6-3 導入專案系統增加合作效率

一開始我就像是個救火員，別人寄信或傳訊息給我時，會急著在第一時間處理。

但當訊息、郵件過多時，總是會有漏看、漏回的狀況發生；而且後來發現，大部分的問題並沒有那麼急迫，或是不需要由我親自處理。

為了讓部門間溝通順利，我在公司內部架設了開源的專案管理系統（ex：REDMINE、Zentao）讓大家使用，並負責向各部門做系統的教育訓練、請 Key man 協助推廣。

導入專案管理系統後，未來執行專案時便可更有效地掌握任務時程、討論過程、工作進度、負責人員等。

儘管其他部門一開始都還是把任務指派給我，但我可以等工作到一個段落後，再來統一處理；並轉移一些任務給同事，而不是自己一個人傻傻做到死。

在各部門同事熟悉專案管理系統的操作後，我就要回了自己的時間。

感謝主管與執行長的支持

上面的故事看起來很輕鬆，但剛開始在內部推專案管理系統的阻礙超大，因為這是在改變所有人過去的做事流程。

而且專案管理系統會讓一切執行中的任務都「透明化」，讓混水摸魚的人原形畢露，所以部分資深員工的反對聲浪尤其大。

有時就算有更好的方案，大部分的人還是喜歡用自己習慣的流程。

所以推行初期，專案管理系統只在自己的部門內使用；在執行一段時間後，主管將成效報告給執行長，執行長對結果很滿意，才下令各部門必須強制推動。

一個組織的改革，單靠員工的努力是不夠的；一定要有高層的協助，才會進行得順利。

6-4 建立文件，減少重複說明並縮小資訊落差

隨著部門有越來越多的新人加入，我發現自己一直在做重複的事：

1. 協助設定電腦的開發環境
2. 介紹合作夥伴的工作執掌
3. 講解系統架構，以及操作流程
4. 說明團隊使用的技術框架、規範、開發流程

而且這些資訊就算說過一遍，對方也未必能全盤吸收，同一個問題往往會問好幾遍（不過遇到問題會發問是好事，明明有問題卻憋著不問才容易出事）。

為了改善這個狀況，與主管討論後，我便開始著手建立新人的教育訓練文件，並將專案使用到的技術、常遇到的問題、目前的開發流程，整理成有結構、方便查詢的技術文件，**這樣同事日後在遇到問題時，就可以先從文件找答案**。

而且在整理公司文件的過程中，我沈睡多年的作家魂突然甦醒了，所以把這些文件寫的鉅細彌遺、邏輯縝密。

寫完後覺得這些文件只給同事看太可惜，在把機敏資料移除後，我以技術分享文的形式發表在 Medium，希望能幫助遇到相同問題的朋友們，從此開啟了自己的斜槓之路（人生的際遇真的很難說）。

> **為什麼建立文件很重要？**
>
> 1. 雖然文件的建立很花時間，但只要建立好，都**具備「重用」的特性**，不用浪費時間重複解釋。
> 2. 人的記憶是不可靠的，就算是當事人，也可能在幾個月後就忘得一乾二淨；很多時候，**建立文件是為了幫助未來的自己。**

6-5 裝睡的人要看到棍棒才會驚醒

我既是團隊的主要開發人員，還要協助新人的教育訓練，並擔任跨部門溝通的窗口，甚至為公司導入專案管理系統、建立文件制度來優化團隊工作效率。

大家覺得，上面這些功績能給我的薪水帶來多少成長？

答案是：**三年下來的調薪不到 10%，僅能勉強跟上通膨！**

過去跟主管反應調薪的問題時，都被以部門沒賺錢為由搪塞過去；但現在系統已經上線一段時間，開始為公司創造產值了，可依然沒有看到回報。

於是部門內的人心照不宣的開始頻繁請假，心灰意冷的我也決定去面試，想了解自己現在的市場行情。

這些年我除了執行公司的專案外，下班後還有做如下事情：

1. 經營自媒體分享專業知識
2. 接外包與發行公開販售的 App
3. 參加 iThome 鐵人賽，榮獲佳作獎項
4. 受出版社邀約出版專業書籍

這些斜槓人生的細節，會在「PART3 用斜槓打破職涯框架」的主題與大家分享。

這輪面試下來，談到的 Offer 都比當時的年薪多出 30% 以上；於是我便傳了這段訊息給主管：「我最近剛好遇到了一個機會，他開的薪水讓我了解到自己的市場價值；但比起那些，我更想要留在這間公司跟大家繼續打拼，想了解有沒有調整的空間。」

傳完這段訊息後，我發現主管跟副總的頭像馬上變成通話中，隔了 10 分鐘後，副總打電話給我，直球對決：「我們希望你留下來，對方開多少，我們可以比他高！」

經過幾輪談判後，這次內部調薪的幅度超過 40%。會有這麼大幅的調薪，主要因為我是團隊中，唯一掌握所有技術的人；而且團隊開始有人陸續離職，但線上產品還有 Bug 需要處理。

其實大多數公司就算知道員工有卓越的表現也不願意破格調薪，即使你拿成績去找上級，也會被以公司制度為由只能微幅調整，如果對這間公司還有留戀；我的建議絕對不是什麼加強向上管理能力，或繼續努力總有一天會被發現的廢話，因為這些做法是否有效完全取決於上級的良心（往往都沒什麼良心 QQ）。

與其長期投資一個不確定的未來，又將最終決定權交到對方手上，還不如自己主動獲得談判權；如果在其他公司拿到不錯的 Offer，不僅可以做為跟公司談判的籌碼，也保留了談判破局的後路。

> **警告**
>
> 這個是殺手鐧，**一間公司用一次就是極限了**，這世界上沒有人喜歡被威脅；部分公司會因為這些話給你貼上「不忠」的標籤，絕對要經過謹慎分析與思慮後再使用這招。

經歷第一間與第二間公司的洗禮，我了解到**如果想獲得內部大幅調薪，只能依靠「談判」**，否則正常調薪的幅度往往落在 2~5%。

如果有老闆剛好看到這本書，我想告訴你：「當員工有卓越的表現時，只有超乎預期的加薪，才能讓他感受到自己的努力是值得的，這會強化他日後做事的積極度；但當員工主動來爭取的時候，就算你給他了，他也只會覺得這是自己應得的。」這兩者的心態差異極大！

> 這邊我拿自己來比喻，如果公司當初有主動調薪 20%，我應該會感恩戴德、做牛做馬；但後來透過談判調薪超過 40%，我也只會覺得自己本來就值這個價格，是你過去裝作不知道。

6-6 擔任專案經理，從執行者轉為協調者

調完薪水後，主管主動詢問我未來的職涯方向，是要往「技術主管」還是「專案經理」的角色發展。

當時我選擇了專案經理的角色，因為對部門的技術非常了解，也大概知道每位工程師的能力在哪裡，所以可以跟大家協調出合理的開發時間，並撰寫出工程師看到就能夠執行的需求規格。

並且得益於工程師的背景，讓我在面對產品端提出的需求時，更能評估開發的可行性與時程，並適時擋掉完全不可行的需求。

由於過去擔任跨部門溝通的主要窗口，所以在協調外部資源時也得心應手。

> 如果你覺得公司的專案經理只有傳聲筒的功能，那通常是因為對方並不具備對應的背景知識。
>
> 在科技業要當一個合格的專案經理，至少要有對程式有基本的 Sense，因為不是每個工程師都有好的表達能力，有時千言萬語還不如看程式理解更快（不用真的會寫，但至少要能看懂對方想表達什麼，這部分也可以透過 AI 協助解釋程式碼邏輯）。

儘管我能扮演好一個專案經理的角色，但做了幾個月後，我發現自己並不喜歡這樣的工作，因為：

1. 每天有大量的會議，幾乎佔去一半的工作時間。
2. 公司的通訊軟體永遠有回不完的未讀訊息。
3. 我發現自己的技術能力在快速衰退。

其中第三點是最主要的原因，**因為我感覺到自己如果再當半年的專案經理，可能再也無法回去當工程師了。**

工程師只要具備一定的溝通表達能力，轉職專案經理相對輕鬆，但想從專案經理轉到工程師，難度非常高；即便你過去有工程師的基礎，但技術這個東西，只要一段時間沒碰，之後想再撿回來就沒那麼容易了。

剛好當時公司有上市櫃的需求，需要開發大量內部系統來面對主管機關的稽核；於是我跑去跟主管商量，表達自己如果擔任「技術主管」的角色，對部門會有更大的幫助。

並說明說這些內部系統的使用者都是以行政單位為主，因此專案經理並不需要太多的專業知識；而把我這個人力轉移到技術主管的角色，除了能加速開發進度外，還可以藉口招新人來增加部門人數。

> **升官的黑暗兵法**
>
> 公司的「主管職位」通常與帶領的「團隊人數」有正相關，但部門的人事費用往往是固定的，此時身為主管的你有兩種選擇：
>
> 1. 招募少量強者，打造執行效率高的精英團隊。
> 2. 招募大量新手，建立人數龐大但戰力低弱的團隊。
>
> 站在公司的角度，第一個選項當然是最好的；但站在主管的角度就不一定了，因為強者往往有豐富的職場經驗、不但難掌控還可能反噬自己，而新人因為缺乏社會經驗與履歷，儘管做事效率不高但非常聽話。
>
> 如果以「升官」為目標，有些主管會用選項二來擴增勢力版圖。

6-7 成為技術主管後面臨的挑戰

當年的主管很聰明，在部門草創時，使用「選項一」來快速打造產品；在產品正式上線後，改使用「選項二」來擴充勢力版圖。

所以雲端部門下又再細分成「前端、後端、UI/UX、PM」等小團隊，而我則是擔任雲端部門技術主管的角色。

但因為部門預算有限，所以大部分的成員不是剛從學校畢業，就是從補習班轉職的新人，所以⋯與其說我是技術主管，還不如說我是團隊的保姆。

因為團隊內的工程師大多不具備獨立開發能力，PM 也不知道需求規格要怎麼寫，只能當各部門的傳聲筒；所以成為技術主管後，我花費相當多的時間在優化過去的技術文件，像是：

1. 減少專有名詞，儘量以白話文撰寫。
2. 文件除了文字描述外，每個操作都會搭配圖片幫助理解。

3. 將工程師需要知道的基礎常識 & 常犯的錯誤整理成文件，讓大家往正確的方向進步。

為了在最短的時間內幫助新人成為即戰力，我花了很多時間做程式碼審查（Code Review）跟協同開發（Pair Programming），讓他們：

1. 快速掌握專案架構與既有功能，減少「重工」現象（有些新需求其實可以復用既有程式，不用重新開發）。
2. 熟悉專案的技術框架，了解如何從官方文件找出所需資訊，避免「用很複雜的方式」去完成框架內建的功能。
3. 主動思考解決問題的方式，而我在旁邊給予適時地引導（如果直接給答案，會讓他們養成依賴的習慣）。

技術主管除了要有足以服眾的專業能力外，有時還需要付出相當大的「情緒勞動」，比如：

1. 其他部門的工程師技術文件寫的不清楚，你請他解釋，但他用不耐煩的口氣說：「跟你說過很多次了，不懂就不要問，你怎麼還來問？」
2. 測試人員發錯誤報告給工程師，但對方遲遲不修，你詢問什麼時候可以完成，但對方雙手一攤：「這個 Bug 為什麼要修？你應該去教育使用者！」
3. 安排工作給下屬，但下屬仗著跟你的直屬主管關係要好，直接擺爛：「我現在就是想耍廢！要做你自己做！不然你問問看主管，看這工作給誰做？」

面對這些荒唐的話語，如果你在現場爆炸就真的輸了。
通常會說出這些話的人，用良性溝通是不會有效的，你要做的是保護自己（ex：對話截圖），然後向上呈報，**不要什麼事都想著自己來解決。**

> **感謝生命中的所有挑戰**
>
> 我相信自己在職場上遇到的問題,也是許多人的共同問題;如果你本身是工程師,或是想轉職為工程師,我非常推薦「給全端工程師的職涯生存筆記」這本書。
>
> 裡面會更深入分享履歷、職涯、面試的議題,幫助你打造無可取代的軟實力,在職場取得自己應有的價值。

6-8 結語:累積自己帶得走的履歷

相比於第一份工作靠單打獨鬥完成專案,我的第二份工作就跟「人」息息相關。

剛入職時,我只是一名工程師;跨部門溝通這件事,我裝死讓主管去做其實也沒問題。至於導入專案管理系統、教育訓練、建立內部文件這些事情,可以說完全不在我的職責範圍內。

職場上大部分人的想法是:「領多少錢,做多少事。」

我覺得這樣的想法也沒錯,畢竟你看我做那麼多事,如果不是拿 Offer 去談判,公司根本沒打算給我對應的報酬。

但也許我們可以換個思維:「如果想要拿到更好的薪水,你有什麼談判的資本?」

如果總是被動的接受任務,那往往沒什麼談判資本,**因為你只是在做份內的事罷了,即使出去面試也沒什麼能吸引人的亮點。**

而我在這間公司所做的，是**主動與主管討論任務、爭取到不同職位歷練**，這才讓我在短短的四年間，做過「工程師、專案經理、技術主管」等職位，累積更全面的職涯視角。

其實工作 4 到 7 年後，大部分的人都具備獨立作業能力，而現實職場也不需要那麼多專業領域的天才。

職涯越往後走，軟實力會越重要。畢竟隨著專案規模的擴大，就算你單兵作戰能力再強，也不可能一個人完成所有任務；所以**履歷中如果有對團隊、公司的貢獻**，會是業界對資深員工的加分點。

因為他證明了你在工作中不是只想到自己，還有辦法透過具體的實際行動給其他人幫助；**相比於你做到死完成比別人多一倍的工作，建立制度提升全體員工 5% 的效率是更有價值的**。

在職場上內卷，容易把周圍同事當成敵人；但真正能帶走的履歷，不是擊敗了誰，而是你曾經幫助多少人成長。

沒有成見，才有更多的看見

在過去的職涯中，我做過工程師、專案經理、技術主管。

一開始我對這些經歷引以為傲，因為這代表我對專案、產品、技術都有相當的掌控能力。

但有次吃飯時，朋友一句話點醒了我：「當你知道的太多，就容易用自己認為正確的方案解決問題。」

是啊！知識與經驗很重要，但不應該成為「框架」。

很多時候最好的方案，是由不同領域的人想出來的，因為他們沒有知識的包袱；但要做到這點，你得先閉上嘴巴，嘗試做一個聆聽者。

CHAPTER 07

> 過去適合你的環境，現在未必適合你

有時舒適圈未必舒適，只是我們比較熟悉那個環境。

我會在一間公司待多久，取決於這個地方還能學習、經歷到什麼不一樣的事物。

而第二份工作在年資滿四年後，我發現工作內容已經沒什麼挑戰性了，而且去年才剛破格調薪超過 40% 並升遷為技術主管，短時間內的薪水與職位很難繼續往上。

所以便開始思考：「下一步該怎麼做？如何將自己的利益最大化？」

▎7-1 繼續待下去，成長的是年資還是能力？

剛到一個新環境，你為了熟悉公司的人、事、物，不僅上班時精神會處於一個緊繃的狀態，下班後還可能要自主研究工作上會用到的新知識。

但緊張的情緒往往只會持續 3 個月到半年，過了這個時間點後，你大體都能跟得上團隊的腳步（不然可能過不了公司試用期），一開始要熬夜才能解決的問題，現在也許不用兩個小時就能輕鬆搞定。

除非工作內容改變，或是職務調動；不然一份工作在熟悉後，個人成長的空間極其有限，儘管做事效率還有提升的空間，但充其量只是在重複做我們已經會的事情。

當然做自己熟悉的事情會有安全感，但這背後其實暗藏風險；因為能力未必會隨著年資一起成長，如果等到被裁員或換工作時才意識到，那一切都已經晚了。

> **警告**
>
> 如果你只會這間公司需要的技能（ex：跑冗長的行政流程、了解複雜的內部系統怎麼操作），那一旦離開公司，這些技能在新環境可能毫無用武之地。

我在成為部門的技術主管後，主要任務是維護線上產品，以及開發內部系統。

從技術層面來說，我已經無法透過這些專案繼續成長。因為只是在重複做熟悉的事情，也許很多人嚮往這樣的工作型態，但這對我來說是在浪費生命（你可以理解為我有自虐傾向）。

所以當時我把注意力放在「人才培育、文件優化、制度建立」上面，但一年過後，儘管我已經活成過去自己想像中的樣子：「領不錯的薪水，可以把工作分配出去，閒暇時能做自己感興趣的研究」卻感覺職涯遇到了瓶頸。

稍微思考一下，我發現原因在於：「外部刺激不夠，所以本質的成長已經停滯。」

> 有時無法成長，未必是不夠努力，而是被產業限制了發揮。

> **筆者的心得**
>
> 有些人會想透過接外包來提升自己的技術，但除非做全職，否則你不太可能去接大規模的外包工作；但小型的外包就算做再多，你也只是獲得金錢上的報酬，實質的技術成長微乎其微。

• 工程師下班有約：企業內訓講師帶你認清職涯真相！

7-2 在舒適圈中如何成長？

為了了解現在的自己有什麼不足，我選擇了一個最直接有效的方案：「**面試！**」

之所以會說這個方案最有效，是因為通常我們周圍的朋友也是同溫層居多，他們並不具備指出你身上盲點的能力（也有可能是不敢說，畢竟忠言逆耳），所以得到的答案往往都是順著你的想法回答，沒什麼參考價值。

但面試不一樣，因為雙方互不認識，在沒有預設立場的狀態下，更容易找出你難以發覺的「盲點」，而且還能及時評估出你在市場的「價值」。

如果發現盲點，那就有了進步的方向；要是發現自己的市場價值不如預期，那自然心生警惕。

有些人常說自己懷才不遇，但如果面試了好幾間都沒有公司認可你，就代表這不過是自我感覺良好罷了。

> **經營個人品牌的好處**
>
> 因為我時常在 LinkedIn 分享技術文章，所以常常有獵頭跑來加我好友。這讓我在有面試需求的時候不用打開 104 這類求職網站，還能在短時間篩選出符合自己需求的職缺。

7-3 技術部門主管不熟悉技術，就跟騎兵隊長不會騎馬一樣！

獵頭給職缺的時候，將與我匹配度高的主管職與技術職同時列出；這讓我開始認真思考接下來要繼續往管理階層前進，還是回去當工程師提升技術能力。

正當猶豫不決時，朋友在聚會上分享的故事直接把我點醒，讓我決定下一步職涯的方向。

三年前朋友剛入職新公司的時候，非常崇拜主管，覺得對方無論是程式的敏銳度，還是處理問題的決策都非常優秀；但現在他卻抱怨：「我的主管根本搞不清楚實際狀況，解釋了好幾次，他感覺還是有聽沒有懂！」

因為前後的反差太大，所以我問他：「主管換人了？之前那位有能力的離職啦？」

結果沒想到朋友說：「**還是原來那位主管，只是他變了。**」細問之下，才知道這位主管是如何劣化的。

這位主管的年齡大約 40 歲，過去有豐富的開發經驗；但成為部門主管後，就基本沒有再碰程式了，大部分的時間都在做需求釐清、專案管理以及新人面試。

一開始得益於工程師的背景，他與開發部門的溝通還算流暢；但隨著時間推移，問題慢慢浮現：

- **無法判斷各項功能的合理估時**：有段時間沒碰技術後，當別人說專案因為用到某項技術所以要花很多時間時，這位主管已經無法判斷對方是不是在唬爛自己。

- **技術的可行性由別人說了算**：開新專案的時候，有些人會推薦使用新技術作為解決方案；因為主管已經不怎麼參與開發，所以通常就讓成員自行決定。
- **面試只能碰運氣找人才**：因為主管不熟悉現在專案用使用的技術，所以在面試時很難提出深入的技術問題，只能根據對方的從業經驗來判斷。

我朋友是個有責任心的人，即使主管搞不清楚狀況，他還是會做好份內的事；但其他同事就不是這樣了，當有人發現主管對技術的敏銳度下降後，噩夢開始了…

有人開始在專案導入新技術，但目的不是為了改善效能或升級技術，而是為了讓主管無法掌控；在確認主管不了解自己使用的技術後，就開始對任務的估時灌水，而其他人看到這個方式有效後，也開始有樣學樣。

當主管意識到問題的嚴重性時，他發現「重拾技術」這個想法已經力不從心了：

- **上班沒時間，下班沒體力**：當初會放掉技術，就是因為上班忙於專案管理、談判溝通，還有一些行政上的雜事；而下班後精疲力盡，能學習的時間太少。
- **太久沒碰技術，挫折感太大**：好不容易擠出時間學習了，卻發覺看不太懂新技術的邏輯，學習與理解能力跟年輕時相比衰退了不少。

技術部門的主管對技術的掌握度下降後，一旦遇到心懷鬼胎的成員就容易被架空，甚至有可能因為部門績效不如預期直接被開除。在技術導向的公司，懂技術的人才有話語權，階級有時沒那麼管用。

朋友講完這個職場鬼故事後，他說：「我最近也準備換工作了，跟著這個主管沒前途。」

俗話說：「主管，就是你未來的樣子。」

從上面的故事來說，這位主管最大的錯誤，就是沒有持續接觸技術，所以才會被下面的人耍得團團轉；而這段空窗期，也是導致他難以重拾技術的主要原因。

> **筆者碎碎念**
>
> 只要還待在科技業，就不要輕易放棄技術；因為你很難保證自己永遠都是「管理職」，或是只需要做管理職的事。
>
> 另外，人與人的差距在 35 歲後會變得更加明顯；因為大部分的人在工作十年後會達到職涯巔峰期，在這之後繼續用高標準鞭策自己的人極少。
>
> 而待在結構相對穩定的公司，因為職位不太會變動、薪水也會準時入帳；這導致許多人完全沒有意識到自己的能力在下滑、跟不上時代。
>
> 能成為主管的人，通常都有著輝煌的過去；但如果沒有足夠的警覺性，成為別人口中「尸位素餐的老屁股」也只是遲早的事。

聽完這個故事後，我就決定下一份工作要回去當工程師了。

這份工作我之所以能當技術主管，是因為大多數成員都是新人，且目前開發的內部專案也不需要高手。

但在羊群中，最強的也只是羊。

我很清楚自己在技術領域，還有很多可以學習的東西。但工程師的成長，通常跟他解決重大問題（Critical Issue）的實務經驗有關，如果公司沒有這類型的專案，單靠自學成長是有限的。

7-4 把自己賣在最高點

在第二間公司工作四年多,擔任技術主管滿一年後,我正式提離職了,這次是真的要走;原因除了前面提到繼續待下去難以成長外,還有一個現實的問題,那就是「錢」!

去年才剛加薪 40%,今年想再獲得這種程度的調薪是不可能的。但如果是跳槽到其他公司,一切皆有可能!

因為相比於去年,我的履歷變得更厚了:

1. 擔任雲端部門技術主管,管理前、後端工程師團隊。
2. 在職期間幫公司導入專案管理系統、負責新人教育訓練,並制定開發流程與建立技術文件
3. 連續兩年參加 iThome 鐵人賽獲獎(AI & Data、Software Development)
4. 經營自媒體,發表超過 200 篇技術文章
5. 出版兩本專業書籍,涵蓋網路爬蟲、工程師職涯領域
6. 擔任科技島駐站專家,每週發表專欄文章

第三份工作我選擇面試的都是「外商」(確保同事技術能力都有一定的水平),在多位獵頭的幫助下,我陸續去了 5 間公司面試;相比於初階職位大多只要一面,這次面試的公司,都有 3~6 道關卡。

> **經驗分享**
>
> 隨著職位提升，面試流程往往有 2 道以上的關卡，不要嫌這些關卡繁瑣；你反而要去思考：「如果一個高薪職位只要 30 分鐘的面試就能入職，這個職缺是不是在抓交替？」
>
> 隨著年紀漸長，每一次換工作都是重大決策；如果看走眼了，對雙方都是不小的損失，比起承擔錯誤選擇的後果，不如多花一點時間在了解彼此上。
>
> 不過提醒大家，關卡數量跟核薪高低並沒有太大關聯性！

經過幾輪面試，最後有 3 間公司發 Offer 給我，大家可以思考一下，如果是你，會如何選擇：

1. 美商汽車產業

   - 年薪：+30~40%
   - 職位：資深後端工程師（Senior Backend Engineer）
   - 使用技術：剛脫離母公司，產品都是使用業界最新技術，需要花較多時間熟悉開發環境。
   - 公司文化：工作步調快，開發團隊年齡落在 30 歲上下。
   - 通勤時間：約 40 分鐘，一週去公司 1~2 天。

2. 新加玻商資安產業

   - 年薪：+25~35%
   - 職位：軟體專家（Software Specialist）
   - 使用技術：公司產品成熟，與我目前的技能有最高匹配度。
   - 公司文化：團隊氣氛良好，主管會尊重工程師的意見。
   - 通勤時間：約 40 分鐘，一週去公司 1 天。
   - 特殊福利：通過試用期就享有 14 天特休、16 天全薪病假。

3. 日商通訊產業

- 年薪：+15~25%
- 職位：全端工程師（Full Stack Engineer）
- 使用技術：為了讓產品儘速上線，有較多的歷史業障。
- 公司文化：希望員工有嚴格的自律、自主性。
- 通勤時間：全遠端。
- 特殊福利：計程車自由，有幾乎花不完的交通費補助。

> 年薪有浮動，是因為公司的年薪結構包含績效獎金、分紅配股等不確定因素。

拿到這 3 個 Offer 後，原本我打算選「美商」，因為這應該是可以讓我在短期內獲得最多技術成長的公司，而且給的月薪是最高的。

儘管心中已經做出打算，但我還是把周圍的朋友都問過一遍，看看他們有什麼不一樣的想法。

大部分朋友在聽完我的敘述後，都建議我選薪水最高的；但我人生中的貴人，楊凱霖學長給了另一條不同的思路：「**如果你只打算當工程師，選擇錢多的沒有問題；但你有在經營自媒體，所以我建議你選一個能繼續經營自媒體的工作。因為這才是你自己的資產，跟公司無關。**」

聽完這番話後，我最終選擇了「新加坡商」；我非常感謝當年學長給的建議，因為這間公司不僅團隊氛圍很棒，還給了我相當程度的「自由」，如果少了這些自由，我近幾年的斜槓人生不可能如此絢爛、精彩。

7-5 結語：同一間公司待太久，你會誤以為外面的世界都長一樣

在第一間公司，我以為沒加班費是業界常態，工程師需要努力加班、做牛做馬才能獲得加薪。

但到第二間公司，我只有剛入職的前幾個月有加班，而且公司的加班費會準時入帳。在熟悉手上的工作後，我發現其實可以主動安排自己的工作（導入專案管理系統、建立技術文件），甚至透過談判選擇想要歷練的職位（專案經理、技術主管），同時感受到「影響力」對職涯發展的重要性（要有意識地累積談判籌碼）。

而現在任職的第三間公司，我感受到主管對員工的尊重，而且有假就可以請，除非遇到重大問題，否則不會有人在休假期間打擾你。這對在經營自媒體的我有相當大的幫助，因為我時常要到企業、學校、政府機關講課。

如果讀者現在的工作環境氛圍很差，我希望你記住一段話：「**就算不合理是業界的常態，也一定存在正常的公司。**」

同時提醒大家，一開始我們可能找到一個各方面都滿意的公司，但隨著時間過去，不僅人會變，公司的經營策略也會改變；當年適合自己的，現在也許不適合了（ex：主管性情大變、派系鬥爭阻礙公司發展、公司經營不善）。

除非階級夠高、權力夠大，否則我們是無力改變環境的；**而在糟糕的環境中，合群有一個同義詞**──「**浪費時間**」。

為了避免自己與市場脫軌，筆者建議每年都要找時間面試，去看看外面的世界長什麼樣子。

一間公司待久了一定會有感情，但如果它不再是一個能讓你成長的環境，甚至是一個會讓你感到痛苦的困境，也許該好好思考接下來的職涯規劃了。

> **筆者經驗談**
>
> 很多人都認為薪水高低跟壓力成正比，但實際上：「薪水高的工作壓力未必較大，薪水低的工作未必輕鬆。」
>
> 如果想嘗試獲得高薪又輕鬆的工作，下面有幾個建議：
>
> 1. **擁有別人不會的技能**：新技術與少見的技術會成為你的護城河，因為競爭者少所以你有更多的談判優勢。
> 2. **跟著時代走**：當市場在炒作某個題材的時候（比如前幾年的區塊鏈、最近的 AI），全世界的資金都會往那個產業移動，資方在錢多的時候往往會大舉徵人（就算他們不確定找這些人進來要做什麼）。
> 3. **朋友內推**：CP 值高的工作通常不會開缺，就算偶爾釋出職缺，也幾乎都被內推搶光了，畢竟「好東西要先跟好朋友分享」。
>
> 但這些技巧都是建立在「你能力不錯」的條件之上，不然就算想走內推，朋友也不想找一個雷包來讓自己丟臉。

每次職涯的轉換一定要經過深思熟慮，文章只是分享筆者的考量與決策。每個人都有適合自己的環境，適合我的，未必適合你。

CHAPTER 08

接案不再鬼遮眼！賺錢還要賺履歷！

• 工程師下班有約：企業內訓講師帶你認清職涯真相！

....
接案就像踩地雷，苦主幫你來掃雷！
....

第一份工作因為天天加班，根本不可能有接案的心情與體力；而第二份工作在熟悉工作內容後，為了增加見識與收入，我開始接案。

如果你跟我一樣是工程師，那第一個案源通常來自周圍的親朋好友；一開始你或許覺得接案跟平常上班一樣，完成需求就可以拿錢了，但…這種天真的想法會讓你遭受社會的毒打。

如果你有接案的打算，那這篇文章一定要讀到最後，別人踩過的坑，我們沒必要親自體會。

> 這篇文章沒有要批評任何一方的意思，畢竟甲乙雙方的技能都需要後天學習，沒有人天生就會。

◤ 8-1 需求訪談是雙向溝通的過程，不是對方說什麼就是什麼

在公司，與客戶溝通需求往往是 PM 的工作，而工程師只要完成分配下來的任務即可；這造成大部分工程師都沒有與客戶溝通的經驗，同時也讓他們覺得 PM 不過就是客戶的傳聲筒，是公司雇來管理他們的討厭角色。

但如果是自己接案，你就會發現**撰寫需求規格是非常重要，且倚賴專業與經驗的任務**（如果公司 PM 只會嘴砲，那是他個人問題）。

> 從工程師的角色切換到 PM 後，你就能將心比心體會 PM 的難處了。

8-2

這邊就先從「需求訪談」開始說起，通常對方會滔滔不絕地跟你分享他腦中的絕妙想法；為了讓彼此合作順利，建議訪談時要做到下面幾件事：

1. **記錄重點**：在對話過程中，把對方的核心需求、期待功能初步列出來。
2. **現場錄音**：需求訪談短則 30 分鐘，長的話 2、3 個小時都有可能，一定有細節是你來不及記錄的，這時錄音就很重要了。

> 現在 AI 很方便，你可以把錄音檔上傳到 NotebookLM 來生成逐字稿，並透過對話的方式來詢問訪談細節；但 AI 生成的結果可能會有幻覺與錯誤訊息，請自行查核來源。
>
> 若訪談內容涉及機密，建議使用本地的 AI（ex：Whisper）來處理，請勿上傳到雲端徒增資安風險。

3. **討論需求**：如果在訪談過程聽到一些不切實際，或者以你目前技術難以達成的需求時，就是你展現專業與表達能力的時候了。**請先確認這些達成率低的功能是否「必需」**，然後再用「白話文」讓對方了解為什麼辦不到（千萬不要硬接無法完成的外包）。
4. **了解時程**：你要考慮自己在有正職的狀態下，是否有餘力在客戶期待的時限內完成專案；如果同時接多個外包，更要仔細評估避免違約。

> 筆者在工時的預估上，往往會抓 1.2~1.3 倍的時間，因為這世界幾乎不存在順利的專案。

5. **確認預算**：詢問對方願意在專案投入的經費，並提出自己可以接受的報價區間，避免討論到後期才發現客戶無法負擔。
6. **推薦解決方案**：在了解對方的需求與困境後，可以先簡單介紹自己的做事流程，並簡述能透過什麼方式達成客戶需求。比如：透過網路爬蟲取得社群上的爆款文章、串接 AI 工具模擬不同角色回覆貼文、用 Hugo 建立個人品牌網站經營自媒體…

> **心得分享**
>
> 大多數客戶並不具備專業背景，有些人可能會把困難的需求想得很簡單；如果遇到這種情況，一定要明確地提醒對方。**這是你展現專業的行為，不要因為害怕案子跑掉就全盤接受。**
>
> 如果需求訪談時就發現對方不尊重專業、對話頻率對不上，我會建議及時停損，勉強的結果通常不會好。

8-2 撰寫需求規格書的注意事項

因為我早期都是承接親友發包的案子，所以許多規格都是口頭約定，並沒有白紙黑字的記錄下來；但**這樣的做法看似信任彼此，實則埋下禍根**。

我在經歷一次嚴重的翻船後（專案執行了三個月，但對方認為結果不符預期，因此拒絕付款），未來就把所有案子的規格寫到鉅細靡遺，撰寫重點如下：

1. **文字表達清晰明確**：不要加入太多專有名詞，最重要的是甲乙雙方在閱讀上都沒有障礙。
2. **需求具體明確**：不要有模糊地帶的需求描述，像是專案執行環境千萬不要只寫「客戶電腦」這種坑自己的描述，要講清楚是在哪個作業系統（不然遇到 Windows XP 時還不哭死），如果有使用到其他軟體也要一併列出。

下面分享一個專案的規格書給大家參考：

爬蟲專案需求規格書

功能項目	功能需求	版本	更新日期
FB 粉專	取得粉專追蹤人數	1	
	頻率：1 次 / 天	1	
IG 帳號	取得粉專追蹤人數	1	
	頻率：1 次 / 天	1	
爬蟲報表	用 Excel 或 Google Sheets 呈現	1	
	首欄標題點擊可以直接連結粉專	1	
	FB 與 IG 粉專各自獨立分頁顯示	1	
	爬蟲日期為欄，粉專標題為列	1	
	首欄與首列需要凍結窗格，方便使用者操作	2	2020/1/1
	日期為倒序插入，由近到遠	2	2020/1/3
爬蟲完成通知	使用 Line 進行通知	2	2020/1/4
	爬蟲總費時、總計掃描 FB 粉專 / IG 帳號數量、Google Sheets 連結、無法爬蟲的 FB 粉專 /IG 帳號名稱	2	2020/1/4
專案執行環境	可在 Windows 10 作業系統執行	1	
	搭配 Chrome 瀏覽器做爬蟲	1	
	執行的電腦有穩定的網路環境	1	

> **Tips**
>
> 需求規格書是我們與客戶最終檢核時會看的文件，聰明的讀者應該有發現規格書裡「版本」的欄位有 1、2 的區別吧，版本 2 代表的是「新增需求」，我們在「更新日期」寫明是哪一天新增的需求。
>
> 許多需求是在專案執行的過程中才新增的，如果一開始沒有寫需求規格書的話，你就很容易被客戶凹一堆免費功能；但如果有需求規格書，這些新增的需求就可以提高你最後結案的收入喔！

8-3 新手接案的注意事項

下面是筆者過去接案時踩過的坑：

1. **一定要簽合約**：千萬不要相信口頭上的承諾，**白字黑字才有法律上的保障**。
2. **朋友間的外包一定要明訂價碼收錢**：筆者看過太多結案時雙方價格談不攏，友誼的小船說翻就翻；越晚談錢，傷的越重！
3. **不要因為對方是你朋友而給予過多優惠**：如果把價值十萬塊的東西算一萬塊，對方絕對不會把它當成十萬塊來珍惜。
4. **不要承接免費專案**：技術是有價值的，你有收錢，會給自己時間壓力；對方有付錢，會認真地使用你做出來的產品並給予回饋，這樣才是正向循環。我看過太多朋友間免費的專案，到最後不是胎死腹中就是爛尾，所以報價吧，對雙方都好。
5. **沒有免錢的 Demo**：有些客戶會先凹你做一個簡單的 Demo 來看看，這時請你直接向對方說明做這個 Demo 需要多少預算，**千萬不要當義工**。
6. **不要在客戶不知情的狀況下多做功能**：如果你發現增加某個功能可以讓專案更完美，請先與客戶討論並報價；你擅自加上去除了沒錢拿外，可能客戶也會嫌你多事要把功能撤下來。
7. **誠實的跟客戶說明專案的成功機率**：技術面牽扯的因素非常廣，如果專案用了太多你不熟悉的技術請老實跟客戶說，一般來說**成功機率低於 60% 就不要去接了**。
8. **專案失敗同樣會收取費用**：如果專案用到的技術相對罕見，且接案前你已經表明過成功率不高；假使客戶還是堅持要做的話，我建議收費以「開發工時」做計算。
9. **不要把話說的太滿**：有些你覺得很簡單的事情，實際做起來可能沒有這麼順利，不要讓客戶有錯誤的期待。

10. **如果專案執行週期較長**：除了規劃專案時程外，還要列出每個階段可以驗收的項目；並在進行驗收前，確保相關利害關係人皆可參與這些重大會議（不然可能在後續被有決策權的人推翻重來）。**同時在合約書上載明「依照完成的里程碑請款」，不然你會餓死。**

11. **記得寫明付款日期**：合約上除了要記載這個專案多少錢外，還要說清楚幾號前必須付清尾款否則有罰則，**少了這條容易遇到愛拖欠款項的客戶。**

12. **盡量不當外包的外包**：假如你身旁有很會接案的朋友，他們有時會問你要不要接一些他們做不完的案子；我個人建議不要去接，因為你往往看不到他們與客戶簽的合約，在合約內容不夠清晰的狀態下，你有很高的機率做白工！如果看完這段話後，你還是執意要接，**請一定要跟朋友再簽一份合約。**

13. **保固範圍、期限要寫清楚**：有些人因為怕麻煩根本沒寫到這塊，等到出問題時才發現雙方期待落差很大。如果因此鬧到要賠錢、退費，甚至對簿公堂，是有可能影響到你的口碑與後續接案機會的。

> **筆者真心話**
>
> 接案時如果合約寫得不夠嚴謹，除了很容易被凹功能外；筆者身旁有朋友還遇過客戶擺爛不付尾款的。
>
> 最後是寄存證信函，在律師事務所協調後，才慢慢把尾款追回來，但前後浪費非常多的時間成本、精神體力。
>
> 祝大家人生遇到的都是好人，如果遇到惡人，不要想著對方可以溝通，因為那就是這個人的本性。
>
> 做人以和為貴，但要分清楚是非對錯，善良不是該被欺負的理由。

8-4 不要接超出自己能力範圍的案子

接案後最怕的就是功能做不出來，這種情形一旦發生不只拿不到錢，甚至還要面臨客戶的求償；為了避免這種窘境，你可以參考筆者的做法：

1. **接案後先將功能項目做一個難易度的排序**：正式實作前，先評估出每個功能要花費的時間以及使用到技術；要特別提醒的是，**如果發現某個技術完全沒碰過，即使看起來再簡單也要擺在第一優先實作**，因為沒碰過的技術最容易在重要時刻翻船。
2. **把自己沒能力解決的功能列出來**：如果初期就發現部分功能所需的技術無法克服（AI、技術人脈、網路資源都無解），請把功能羅列出來後，誠實地與客戶討論這些功能的替代方案（會發生這種事情是因為自己在事前功課沒有做好，所以最好先準備一份替代方案供客戶參考）。
3. **及時止損**：有些專案因為報價高、功能少，導致有人還沒搞清楚需求就急著接案。但在不了解具體需求的情況下能順利結案是運氣；如果很不幸的因為你技術能力不夠導致無法結案，**請第一時間聯絡客戶，讓他尋找替代人選**。

大部分的客戶會求償是因為：「系統下個月就要上線了，現在才告訴我無法結案，我是要去哪裡搬救兵啊？」但如果你是在接案後沒多久就表明無法結案，只要**緩衝時間足夠**通常客戶也不會刁難你，這樣無論對他還是對你都是一個比較好的結果。

> **Tips**
>
> 從最難的部分開始實作，最大的好處就是及時止損，避免你完成大部分功能後，卻因為卡在一個關鍵功能而無法結案。

其實工作跟接案都是一樣的，建議大家在面試或是談案子時，先衡量一下自己的實力，**如果你即將要面對的工作（案子）已經遠遠超過了你的能力範圍，強烈建議你拒絕這個機會，不要把工作（案子）當成是一個給你練習基礎的地方。**

尤其是接案，如果你的基礎不穩，運氣好你可能會做出一個貌似可以用的專案；但實際上這個專案充滿著你所不知道的漏洞，這塊我想實際在業界磨練過一段時間的朋友們都感同身受。

接案僅適用於在某個領域擁有「專業」的人，請不要把接案當成自己練功的玩具，那是對自己與客戶的不負責。

有些課程打著「零基礎，用 AI 寫程式賺外快」的名號來宣傳，但在筆者的角度看來，這就像猴子拿到槍。沒有基礎的人，在 AI 的幫助下只會以瘋狂的速度，產出自己都不知道在幹嘛的程式碼。

8-5 判斷好專案，以及獲得好客戶的方法

在時間、精力有限的狀態下，把注意力投入到「好專案」上，才能將利益最大化；根據過去的經驗，一個好專案的基礎條件如下：

1. **客戶尊重你**：如果客戶是了解你後才選擇你，而不是因為價格而選擇你。那通常會比較尊重你的時間與流程，並讓你有一定的發揮空間。
2. **能賺錢**：如果你是在工作之餘接案，那建議用 1.5~2 倍的時薪來計算報價；如果 [報價] 大於 [時薪 * 預估工時]，那才算是有利潤空間。
3. **對未來發展有幫助**：除了金錢的考量外，如果能在專案中能學到新技術、拓展視野，甚至獲得曝光帶來新客戶，也是一個重要的考量點。不妨思考這個專案在結束後能成為你的「作品」嗎？還是想把它丟進資源回收桶？

不過上面這些條件是理想狀況，在現實生活中，專案有符合其中一兩個就該偷笑了。

說句殘酷的話：「如果你只是個 nobody，別人為什麼要把好專案給你？」因此經營個人品牌，讓更多人認識你非常重要（就像我們在買東西時，往往會挑大品牌），下面分享幾個筆者持續在做的事：

1. **分享自己的專業知識、作品**：從 2020 年開始，我將自己的專業知識、作品分享到 FB、Medium、iT 邦幫忙、科技島…等平台，這些積累讓我獲得超過 400 萬次的曝光，讓更多潛在客戶認識我。
2. **分享到有專業主題的社團**：因為在個人版面發技術文根本沒人鳥我，所以我會將專業文章分享到技術社團，這樣才能吸引到同好交流（相似背景的人溝通起來會更有 Sense）。**在合適的場合才會遇到對的人，減少浪費時間的可能性。**
3. **撰寫適合被轉載的文章**：除了專業性質的文章外，我還會分享一些職涯經驗、個人成長的文章。這類文章有較高機率收到各平台的轉載邀請，而**平台背書會讓你更有底氣。**試著站在客戶的角度，當你看到有人履歷上寫著「超過 100 篇文章被商周、104、1111、關鍵評論網、Yourator 等平台轉載」，是不是會對他的信心提升不少？
4. **強化個人特質**：如果客戶是慕名而來，那專案會順利很多；但在資訊爆炸的時代想做到這點，你除了要有個人特質外，還要高頻率的曝光，畢竟被看見才會有機會。
5. **準備履歷 & 作品集**：要定期更新自己的履歷 & 作品集，這樣遇到機會時，你才有辦法有脈絡的分享自己的觀點（前提是你有好的作品）。

> 提醒大家：「好的作品才會帶來好的專案。」

以過去的經驗來說，筆者認為**「好客戶」往往是好專案的基礎條件。**

當人對了，一切都會往好的方向發展；如果彼此理念差異太大，就算你賺到了錢，也會有種人被抽乾的感覺。下面分享 3 個判斷面向：

1. **知道自己要什麼**：有些客戶會在發想階段就找人討論，假使他還不確定專案方向、目標族群、後續規劃… 那你就要有接下來討論難以對焦的心理準備，因為這些問題都可能導致時程延宕。如果走一步算一步，那需求規格肯定會一直調整，事情不斷重工，甚至無法結案。
2. **願意簽約**：如果不簽合約，那代表客戶並不在意自己的權益。近一步思考，他可能也不在意這個專案，這代表你們所做的討論、決策都可能隨時變卦。
3. **願意描述現狀**：有些客戶希望你當個通靈師，不說需求要你猜；但這並不合理，就像我們看醫生會說自己不舒服的地方，這樣才能對症下藥。客戶可能不知道自己的問題，但描述現況與期待是必要的。

雖然講了很多技巧，但在沒作品的菜鳥時期；為了累積作品，部分有疑慮的專案還是得接。我們能做的，就是當問題浮現時，把他優化到流程與文件中。

這樣你之後在面對有疑慮的專案時，就知道要在合約加上哪些備註，或是於交付內容上加限制，並在報價時把發生問題的時間成本考量進去。

8-6 接案怎麼報價才合理？

談錢很俗，但接案不談錢是在做身體健康的喔？

長期接案，一定要建立一套自己的報價邏輯體系；避免客戶詢問時，支支吾吾不知如何回應。

報價是「專業 + 客戶信任度 + 產品利潤」的總體考量。

除了「專業」很重要外,「過去的作品、成果」更能增加客戶的信任度。這就是為什麼老牌的接案公司、個人工作室,往往案源不斷,甚至要排隊的原因(筆者的案源大多來自過去的客戶轉介紹,好口碑真的很重要)。

就像我們在買東西時,往往會挑大品牌,甚至去比哪個品牌得獎比較多,而不會冒險購買沒聽過的雜牌(除非是為了省錢)。

而剛出來接案的新手、沒什麼作品的工作室,就像是貨架上的雜牌;甲方會選擇你,通常是因為你比較便宜。**所以接案初期通常是虧的,你賺到的錢甚至可能低於本職工作。**

另外,不同產業的報價存在巨大差距。像賺錢的產業往往有高額預算,而夕陽產業就算給出行業內最有誠意的報價,可能還不到前者的十分之一。

下面提供一個基礎的報價公式給大家:

報價 = 勞動成本 + 材料成本 + 風險成本 + 其他成本 + 利潤

- **勞動成本**:時薪 x 工時(如果是接外包,筆者會用本職工作的時薪 x 1.5~2 倍來計算)。
- **材料成本**:你需要準備哪些東西,像是否需要用到付費軟體、硬體設備、場地租借等。
- **風險成本**:現實中幾乎不存在完全順利的專案,所以在工時的預估上,建議多抓 1.2~1.3 倍的時間(如果你已經預感到這個客戶會雷,就報一個你接了不會後悔的價格)。
- **其他成本**:多久開一次會、每次開會幾個小時、在哪裡開會(實體會議需考慮通勤成本)。

另外還有一個隱藏的「機會成本」,人的時間有限,你接了這一單,就必須放棄其他的接案機會。

報價並沒有標準答案,有時報的價格太低,客戶反而會懷疑你的做事品質。

報價的數字需要合理且具競爭力,因為客戶往往會請多人報價,再從中選出最合適的。

報價的平衡點,就是讓客戶買單的同時,也讓自己賺到合理的利潤。

8-7 如何提高自己接案的報價

剛開始接案的時候,筆者覺得專業能力與報價應該成正比。

但實際上,在我累積一定的接案經驗後,發現繼續提高專業能力,並不會增加議價空間。

因為大部分的客戶並沒有那麼高的要求,**也許你有 90 分的實力,但客戶只要 70 分的結果。**

下面是我遇到瓶頸後,做的 6 件事,最後 3 個可以立即見效:

1. 經營個人品牌

既然有接案的本事,那肯定有自己的專業。你可以嘗試將自己行業中的技術、心得、經驗,透過文章、影片的方式分享出去。

在特定領域持續分享自己的專業,會讓看到這些資訊的人對你產生信任感;如果他們未來找你談合作,就會對你有更多的尊重。

這道理就像如果只為了填飽肚子,你可以直接購買超商的微波食品。但如果特地預定了某間餐廳,一定是對他有不同的期待,就算價格偏高也可以接受。

在個人品牌的加持下,我的報價跟 4 年前相比,已經提高了 4~5 倍。

II. 在專業領域有自己的見解

有些人可能會覺得市場上已經有很多大神在分享經驗，根本不缺我這個小咖吧？

但其實並不是這個樣子的，因為每個人都有自己的背景、興趣、專長，從而產生出不同的視角。就算大家在做同一個專案，每個人負責的任務、在意的細節、理解的程度也往往有很大的差異。

不同的人生經驗會塑造出專屬自己的哲學觀，這是他人難以複製與取代的。**不管你的專業水平如何，都會有自己的受眾。**

> 就像市面上講職涯、斜槓的書籍那麼多，而你選擇翻開這本；肯定不是因為我最厲害，而是我的經驗、故事能讓你產生共鳴。

III. 將成果分享到社團

在完成文章、影片後，除了發表到自己的頁面外；不要害羞，直接分享到相關的社團吧。

如果只發表在自己的頁面，那會注意到你的人就只有認識的朋友（甚至他們還看不到，因為在社群媒體的演算法下，專業度高的東西往往觸及率低）。**但分享到社團，就能觸及到有相同知識背景，以及有實際需求的人。**

如果客戶同意，你可以分享自己為客戶製作的產品，這其實也算是在幫客戶做宣傳、曝光，對雙方都有很棒的廣告效果。

IV. 提供更多選擇

當客戶提出需求時，你可以基於這些內容給予更完整的解決方案。這不但可以增加客戶對你專業能力的信任，還可以提高報價。

因為客戶提出的需求，往往只在自己的認知範圍內，但還有很多細節是專業人士才會注意到的。

就像我們訂外送時，可能一開始只是想買個雞腿便當，但在結帳前看到飲料加購有優惠，可能就順手加入購物車一起結帳。

像筆者的 AI 講座，就有提供多種主題（文案、企劃、簡報、程式、影音）、上課形式（演講、實作）、不同時長（2~6 小時）供企業選購。

多元的選擇讓許多原本只打算邀請我一次的企業，變成多次邀請（像中華電信我就講了 7 次）。

V. 建立接案的 SOP

時間就是金錢，不要把時間浪費在重複的事情上！像下面這些資料，我建議要先準備好，並持續優化：

- 個人履歷、作品集（與客戶初步接洽時提供）
- 介紹服務的項目（初步認識＆討論）
- 報價單
- 合約

上面的文件做好模板後，建議製作一份檢查清單（範例如下），避免資訊錯誤顯得不專業：

- 公司名稱
- 報價日期
- 報價金額
- 規格內容
- 檢查錯字

VI. 提供內容詳盡的報價單

如果報價單的內容只有一行字,那客戶根本搞不清楚自己買了什麼東西。

就像我們購買高單價的商品時,一定會仔細看上面的說明,內容越清楚,我們會越信任(哪怕我們看不懂)。

8-8 結語:接案需要的不只是專業知識

一開始我以為只要有足夠的專業知識,靠接案就能輕鬆賺外快;但經歷過幾個專案後才發現,專業只是入場券,實務上有更多的挑戰和風險在等著你。

平常心很重要,**就算你花很多力氣做提案,也未必會通過**;因為客戶通常一次聯繫很多人,避免出狀況時沒有備案。

這次沒有選你,未必是你不好,只是他們心中的第一名接下了這個專案。

另外如果你是在有正職的狀態下接案,就必須思考一個問題:「如果接的案子在上班時間出現重大問題,我該怎麼辦?」

我看過很多人開始接外包後,上班都頂著黑眼圈,坐在位子上感覺心神不寧;如果因為接案而搞砸本業,那就真的本末倒置了。

接案的確可以提高收入,但除非你已經小有名氣、建立了完善的 SOP、有固定合作的對象,否則接案會累到爆炸。

不過接案可以幫你快速累積更全面的職場技能,比如:

1. **談判溝通技巧**:跟上班領死薪水不同,接案報價會因為溝通技巧而有不小的價格落差;想拿下一個案子,重點不是你的價格有多低,而是讓客戶願意放心把案子交給你。

2. **文件撰寫能力**：老實講，我工作上的技術文件與需求規格之所以能寫的那麼完善，是透過接案訓練來的；因為在接案時如果需求規格、合約沒寫詳細，出事要自己扛。
3. **風險控管意識**：接案通常是獨立作業，這代表你要為自己所做的事全權負責；不僅專案的品質要自己把關（ex：測試功能、模擬極端情境），萬一上線後出問題，你也要有能力在短時間解決（抗壓性會大幅上升）。

接案就像是「微型創業」，從接洽、規劃、執行到結案，所有細節都要自己處理。經歷接案的洗禮後，即使沒想過要創業，你也更能同理不同角色的難處，為自己的職涯帶來更多可能性。

NOTE

CHAPTER 09

為什麼付費諮詢，更容易看到成效？

• 工程師下班有約：企業內訓講師帶你認清職涯真相！

你選的導師，就是你未來想成為的人。

在 2022 年出版《給全端工程師的職涯生存筆記》時，我在書中放了一個「讀者回饋禮包」。只要填寫回饋表單，就可以免費預約 30 分鐘的線上諮詢。

此活動於 2025/3/1 起正式結束，感謝大家這段時間的支持。

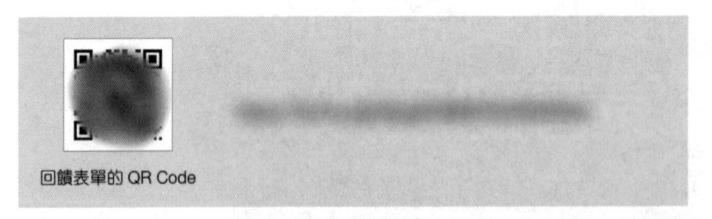

▲ 圖 9-1　讀者回饋禮包

兩年多下來，我接了超過 100 場諮詢。對象從剛畢業的大學生，到工作十幾年的資深工程師都有。

儘管每個人表面上遇到的問題不同，但根本原因都很相似：**缺乏清晰的方向、找不到合適的導師、沒有持續前進的動力。**

下面就讓我來說明為什麼諮詢需要付費，而且要定期執行的原因，並分享找到適合自己導師的技巧。

9-1 你不求，我不渡

2020 年我在 iThome 鐵人賽獲獎並出書後，開始陸續有朋友、甚至陌生人跑來問我職涯規劃以及自媒體經營的問題。

一開始我都會熱情分享，並根據對方的背景給予客製化的建議，並提醒會遇到的挑戰；**但問過我的超過 50 人，真正去執行的卻只有 3 位，我這才意識到大多數人只是問好玩的而已。**

因此之後有人問我問題時，我只會簡單說個大概；直到某次有個朋友追問我執行的細節，我半開玩笑地說：「你願意為這個問題付多少錢？」**我不是不願意免費分享，只是大部分的人會因為答案是免費的而不重視。原本只是想開個玩笑，結果沒想到對方真的願意付費**，而這也是我開啟付費諮詢的起點。

其實一開始找我諮詢的，都是認識一段時間的朋友。某次與認識近十年的朋友諮詢結束後，我問對方：「你為什麼錢付的這麼爽快？」

他回答：「因為我常常看你寫的文章，這些年來也親眼見證了你的成長，我希望自己也能成為跟你一樣的人。」

這位朋友後來成為了我的長期客戶，光諮詢費就付了超過六位數，當然他薪資成長的幅度也遠遠超過了諮詢成本。

這段故事想讓大家理解的是:「不管建議再好,只有執行才能看到效果;免費的聽聽就過去了,但付費的會覺得不執行就虧了。」

9-2 諮詢要「長期、規律」才能看出效果

我提供的諮詢在第一次前 30 分鐘是免費的,如果對方想詢問更多問題,我通常建議他們至少要規劃 4 次的諮詢時間,每 1~2 周一次。

會這麼做,是希望自己給出的建議,真的能給對方帶來幫助。

我知道很多人去諮詢只是想求一個「答案」,但獲得答案後,並不是每個人都會執行;甚至有些人會誤解,往錯誤的方向執行。

這邊就拿健身房的教練課來舉例,之所以一次賣很多堂,除了賺錢的目地外,主要的原因是:

4. **確保動作正確**:以健身來說,很常出現「眼睛看懂了,但身體跟不上」的狀況;而這是執行者本人難以察覺的,要從第三者的視角才能及時提醒。
5. **持續追蹤調整**:假使你在教練課中學了一個新姿勢,就算你在課堂上的動作是正確的;但可能隔了幾天姿勢就跑掉了。這塊只有透過定期的追蹤,才能確保不會「越練越歪」。

> **諮詢與自學的差別**
>
> 自學往往是透過「閱讀書籍、看線上影片」的方式進行,但這類型的資訊大多為「通用建議」,並不是為你量身打造的。
>
> 而諮詢是「一對一」,會根據你自身條件給予針對性的建議,有問題或遇到瓶頸時,能獲得及時的反饋,讓你有明確的前進方向。

9-3 挑選適合自己的諮詢對象

說句得罪人的話，市場上有些人號稱自己是「職涯導師」；但遇到問題時只會用話術迴避，或是一直反問對方。之所以會這樣，通常是因為對方沒有經驗或缺乏專業。

為了避免大家踩雷，下面分享幾個判斷導師專業的依據：

1. **有相關經驗**：導師未必要找高手，但一定要有相關的背景與經驗。假如你今天想要從文組轉職成軟體工程師，你要找的是轉職成功的文組前輩；而不是找資工系畢業，有豐富開發經驗的高手。也許後者的專業能力更強，但前者才能給你合適的建議。

2. **會根據你的背景給予建議**：有些導師不管面對誰，全部都給一樣的答案；但諮詢的目的是「量身打造」，如果都是一樣的答案，那不如直接買線上課程。

3. **有追蹤你執行的狀況**：一個合格的導師，除了要解決學員提出的問題外；更要主動詢問對方是否有執行過去給予的建議、執行過程是否遇到問題。根據筆者過去的經驗，很多時候看不到成效，是因為對方沒有按照建議執行，或是用錯誤的方向執行。

4. **善於溝通、樂於分享**：有些人在專業領域有傑出的表現，但如果你聽不懂他給的建議，那對你來說就是無效建議。如果對方平時有在經營自媒體，你可以先從他分享的內容中，初步判斷是否能順利交流。

5. **有時間、願意投入心力**：有些大神確實很強，但行程滿檔；如果無法「定期」諮詢，那成長的效果有限。而且有能力跟願意花心力是兩件事，有些導師諮詢過程心不在焉，回答的也很敷衍。**挑選導師時，不要只看名氣與頭銜，更要看對方願不願意真誠且認真地幫助你。**

6. **個性與風格**：這點經常被忽略，但理想的導師應該是讓你覺得「跟他談話很舒服、有成長」。如果對方風格過於強勢或講話冷嘲熱諷，可能會打擊你的自信。建議找那些願意傾聽，又能適時給出建設性建議的人作為諮詢對象。
7. **比現在的你高一到兩個職位**：曾經有人說過，小學 3 年級最好的數學導師不是數學博士，而是小學 4 年級的學長姐。向一個遠比你強大的人諮詢，對方就算有心也很難同理你當下遇到的困境。

> 筆者碎碎念
>
> 建議大家選擇導師時，先查查看對方過去的履歷是否有黑歷史。
>
> 筆者曾看過有些沒工作履歷的人擔任職涯諮詢教練、沒戀愛經驗的人做情感診療導師、跟父母鬧翻的人在當家庭關係顧問。

9-4 有專業的人，才有能力給予協助

有些江湖術士會說：「世界冠軍的教練通常不是冠軍，因此諮詢時不用找同領域的人當導師。」

的確，世界冠軍的教練通常不是冠軍，但絕對非常熟悉該領域的遊戲規則。

我過去當過雲端部門的全端工程師、專案經理、技術主管，所以能給網頁工程師提供的合適的建議。

但如果找我諮詢的人是「硬體工程師、韌體工程師」，那就超過我的能力範圍了；至於「行銷專員、影音企劃」等其他領域的職業，我的建議可能完全無法適用。

會這樣說，是因為諮詢時導師能不能給予具體建議很重要，像我自己擅長的領域有：

1. 撰寫技術文件，提升公司內部影響力
2. 分享專業知識，建立個人品牌形象
3. 透過實戰演練，在短時間掌握新技術
4. 接觸新領域時，怎麼下 Prompt 才能得到 AI 幫助
5. 準備面試簡報，主導面試時的節奏與內容

因為我在以上領域有豐富的實戰經驗，所以能夠掌握每個步驟的執行細節；**若缺乏相關經驗，最多提出模糊的方向，是沒能力給出具體執行建議的。**

下面分享兩個筆者經手過的案例：

I. 我是個內向的人，剛到一間新公司，該如何建立自己的影響力？

對方的職位是 Senior Engineer，在提出這個問題後，我問他：「剛到這間公司時，你有遇到哪些問題？」

他想一下後說：「開發環境很難建立，專案的文件都是舊的，要四處問同事才能夠搞定。」

於是我給他的建議是：「撰寫各專案的環境建立文件。」

然後分析為什麼要這麼做：

1. **剛入職就對公司有貢獻**：新人剛到公司很難馬上帶來貢獻，因為他們還沒熟悉環境；但你可以把這個劣勢變成優勢，因為你很清楚新人（自己）遇到的問題，而且撰寫文件能幫助未來新人入職時，更快地熟悉環境。

2. **未來的新人會對你有印象**：當你建立好這份文件後，它就會成為新人入職後參考的第一份開發文件，因此設定上遇到問題時，通常會直接向你詢問，這能間接增加對方的好感度。
3. **給現在的同事帶來幫助**：你說有些問題要四處問同事才能解決，就代表並不是每個人都熟悉專案的環境建立；因此這份文件其實也能給現在的同事帶來幫助。

新人如果到剛公司就急於立功或建立關係，可能會引起他人的敵意；而建立文件則是件對大家有幫助又沒有侵略性的事情，還可以快速讓周圍的人感受到你的價值。

> 所謂風氣，是有人踏出第一步後，其他人因為想跟上他的腳步而形成的；而你，可以成為那個踏出第一步的人。
>
> 這世界沒有完美的公司，而那些不完美就是你的機會。

II. 我看不太懂公司的程式，每個功能都要寫好久，如何快速熟悉公司所需的技能？

對方是一位年資兩年的前端工程師，面對這個問題，我請他移除公司機敏資訊後，向我展示他看不懂的程式。

然後我發現他的問題是「不熟悉公司使用的前端框架」，所以我便帶他做了幾件事：

1. **看他過去解決問題的方式**：過去他遇到問題就是直接丟 Google 或 ChatGPT，有時運氣不錯剛好得到解答，但往往要大量的嘗試，不僅沒效率還時常用錯誤的方式解決問題。
2. **教他如何閱讀官方文件**：在了解他遇到的問題後，我發現絕大多數都能透過前端框架解決。於是便以他遇到的實際問題為範例，帶他了解我是如何從官方文件找到答案。

3. **直接進入實際演練**：很多人只是「聽懂了」，但日後遇到類似問題時卻不知如何下手，所以我會要求對方直接動手，透過實戰演練來加深印象，並確認執行的方向是否正確。
4. **撰寫 Side Project 掌握完整知識**：我告訴他會遇到這些問題，是因為對這個前端框架一知半解，都是透過前輩撰寫的程式來猜使用方式，這對新手來說太吃力了。所以建議他根據公司使用到的技術，從零開始做一個 Side Project，幫助他理解不同套件的使用時機與方式。

諮詢時，我不只幫對方解決當下的問題，還要讓對方有能力在日後靠自己解決問題。

> 對新手來說，打好基礎才能走得長遠；雖然 AI 有機會直接解決你遇到的問題，但如果缺乏程式的基礎觀念，過度倚賴 AI 反而會讓你無法辨識真正的問題在哪，造成日後更大的困擾。

9-5 結語：諮詢只是輔助，成長還是要靠自己

有些人為了賺錢，會掛出各種保證，比如：「3 個月無痛轉職工程師」、「30 天內瘦 5 公斤，不節食、不運動！」、「零經驗也能月入十萬，副業變正業！」。

我們先不談這些宣傳的真實度有多高，但只要有人掛了保證，就容易讓學員產生「接下來就靠你嚕」的錯覺，誤以為只要定期諮詢、被動聽取建議，即使沒執行，也能有所成長。

有些人懂了很多道理，卻過不好這一生；因為決定命運的，不是你明白了多少，而是你行動了多少。

人只有經過不斷嘗試，透過實際反饋才能更新現有認知，才能總結出一套真正屬於自己的理念。

這條路沒有人能替你走，諮詢再好、建議再精準，最終還是要靠自己踏出每一步。

成長從來都不是花錢就能買到的東西，而是你願意為自己負責、堅持到底的結果。

為什麼付費諮詢，更容易看到成效？

NOTE

PART 3
用斜槓打破職涯框架

選工作時,容易被「經濟壓力、父母期待、產業未來」等因素影響,踏上一條不一定那麼甘心的道路。

我也一樣,在退伍後因為經濟壓力成為了一名工程師;但「工作」不等於「職涯」,為了完成夢想,我走上「斜槓」的道路。

如今 10 年過去了,我以魔術師身份發表過原創道具,三度站上公演舞台;以作家身份出版 7 本著作,拿過年度銷售第三;以講師身份開設 10 堂線上課程,並累積超過 60 場企業內訓、校園講座經驗。

如果你想在有工作與專業的狀態下經營個人品牌,相信看完這一 Part 後,你的思路會更完善。經驗不可複製,但值得參考。

Ch10 把「斜槓」建立在「專業」之上
　　　對產業有興趣,跟進去工作是兩回事;與其餓肚子追夢,不如讓本業成為推動斜槓的本錢。

Ch11「頭銜」對職涯與自媒體的重要性
　　　在現實的世界中,人們在意的,往往不是你說了什麼,而是你是誰。

Ch12 經營自媒體時,我遇過的心魔與挑戰
　　　人這個字一撇一捺,象徵彼此相互扶持。經營自媒體除了意志力很重要外,也需要朋友的鼓勵與期待。

Ch13 讓過去的不可能,成為現在的日常
　　　過去的所有努力,可能都在等待某個適合你的上場時機。堅持到底,才是你從後面追上別人的原因。

Ch14 永遠有自己不會的事,但錯誤不能犯第二次
　　　真正的強大,不是要控制一切,而是允許一切發生。

CHAPTER **10**

把「斜槓」建立在「專業」之上

• 工程師下班有約：企業內訓講師帶你認清職涯真相！

對產業有興趣，跟進去工作是兩回事。

曾有人說過：「如果你找到熱愛的工作，你將沒有一天覺得自己在工作。」

這句話乍聽之下很合理，但過往的人生經歷卻告訴我：「這一切太理想化了。」就像童話故事的勇者只要打倒惡龍，就能跟公主過著幸福快樂的日子一樣。

某次校園講座的 QA 時間，有位同學舉手發問：「我對現在學的專業不敢興趣，但感興趣的事情又不賺錢，該怎麼辦？」

當時我反問他：「你覺得我是因為對寫程式感興趣，才當工程師的嗎？」

同學思考了一下說：「難道不是嗎？老師您已經寫了十幾年的程式，還出版過那麼多的專業書籍。」

我笑著回答：「對我來說，工程師這個身份就是讓我有一個還不錯、穩定的經濟來源，而我剛好有能力靠寫程式吃飯而已。實際上，專業與興趣，並不是一個二擇一的選擇題。」

▲ 圖 10-1　2022 年回母校演講

10-1 先填飽肚子，再談夢想

退伍後，起初我並不打算成為一名工程師；我想跟著興趣走，到出版社或魔術公司工作。

會想去出版社，是因為我從高中開始就懷抱成為作家的夢想，並對文創產業充滿嚮往；甚至在大四時，為了瞭解這份工作需要面對的事物與技能，我還在天下文化當了一個學期的志工。

不過退伍後，當我詢問當時的主管是否有合適的職缺時，她語重心長的勸我：「**我強烈建議你選擇工程師的職涯，因為出版社有很多事情跟你想的並不一樣，即使在這裡幫忙過一段時間，也只能看到非常片面的資訊。**你曾說過自己有出版的夢想，那我更不建議你進來這個產業。」聽完前輩的建議後，原本想跟著興趣走的想法開始動搖了。

而想去魔術公司，則是因為我對魔術充滿熱情，覺得能透過教學、表演來賺錢，是一個將興趣融入工作的方式。我當時甚至已經應徵上一間魔術公司，但最終因為家庭經濟因素而放棄了這個機會，繞了一圈還是回到自己的專業── 工程師。

如果把時間軸拉到現在，我會很慶幸自己當年有必須面對的經濟問題，讓我不得不選擇工程師這份工作。

雖然當時的我並不甘願踏上工程師這條路，但後續斜槓到出版、魔術等領域後，我才清楚的認知到：「我們對喜愛產業的理解，往往過於片面，甚至是天真。」

有些人喜歡拿夢想作為啃老不工作的藉口，在我看來，那不過是一種對現實生活的逃避罷了。

10-2 我們對產業的認知，比自己想像的還要更少

年輕有摸索未知事物的本錢，但這並不代表我們可以隨意揮霍自己的青春。

人會對一個陌生的產業感到嚮往，通常是因為看到一些成功案例，然後覺得自己有機會跟他們一樣；但實際上我們對產業的理解非常片面，而且通常只注意到好的那一面。

如果在認知不足、缺乏專業技能的狀態下，跳進一個自以為熟悉的產業，那往往會以悲劇收場；因為在進去後，你會發現事情遠沒自己想的那麼簡單，跟周遭有專業能力的人相比，自己就像是另一個世界的人。

此時，高壓、高工時、挫折、自我懷疑等負面情緒，會如潮水般席捲而來。

絕大多數人都挺不過這個時期，但少數挺過的人會被當作「成功案例」來炒作、宣傳，這容易讓人誤以為跳進這個產業沒什麼風險。

> 筆者不是要打擊大家的信心，但凡事不能只看成功案例。

如果想嘗試一個產業，其實沒必要賭上身家辭職去做，**那些沒給自己留後路的人，通常最後都過得很辛苦。**

與其冒險孤注一擲，還不如透過斜槓逐步探索自己感興趣的產業。而我正是在現實壓力的驅動下，學到了比想像中更多的東西。

> **筆者實話實說**
>
> 隨著社群媒體發達,越來越多人嚮往靠自媒體發財,但跟上班族相比,自媒體行業存在嚴重的倖存者偏差;千萬不要把 Joeman、愛莉莎莎等網紅當成常態,他們本身就是超越行業 99.99% 的超頂尖存在。
>
> 而且絕大多數經營自媒體的人收入都極低,能負擔生活費(到達超商打工水平)的已經是 PR 90 以上的強者。
>
> 儘管筆者現在的副業小有成就:「出版過 7 本書、開過多堂熱門的線上課程、成為知名的 AI 講師、發表過自己的魔術產品、擔任過專欄作家…」
>
> 但我在斜槓獲得的收入,還不到本業的一半。

10-3 因為有必須面對的現實,所以才學到了更多

我會開始斜槓不是因為夢想,而是「現實所迫」。

剛做第一份工作的時候,因為大部分的薪水要補貼家用,因此每個月的生活費只剩下一萬多。

儘管經濟窘迫,但我並不想放棄魔術這個愛好,因為它對我來說,是生活最後放鬆的港灣;但不管魔術道具還是研習會都相當燒錢,所以我一直在找「賺外快」的方法。

最後我把目光放到「撲克牌」上面,因為他有兩個特點:

1. 體積小,易於保存
2. 紀念牌、限量牌、絕版牌的單價可以很高

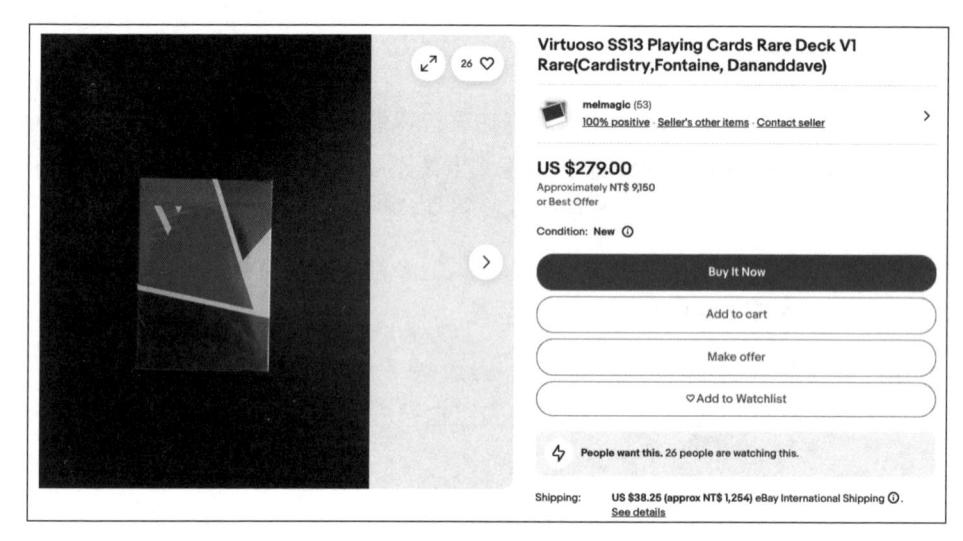

▲ 圖 10-2　ebay 上這副絕版牌的價格，加上運費後超過 1 萬台幣

在詢價的過程中，我發現同樣的商品，淘寶的價格只有台灣魔術店的一半（台灣 250~300，淘寶 100~150），所以開始從淘寶以低價大量批貨（一次 200 副以上），然後在 FB 愛好者社團進行販售。

因為價格大約只有魔術店的 6~7 折（利潤抓 20~40%），所以一上架，很快就被搶購一空。

但好景不常，你能做到低價進貨，別人也可以；所以這個模式做了 2 個月後就沒什麼賺頭了，大家都在削價競爭。

不過也趁這個機會累積了一些原始資金，於是我想做一些跟別人不一樣的；當其他人還在從淘寶進貨的時候，我把目光放在「國外募資平台（Kickstarter）」的商品上，因為募資期間往往有更優惠的價格。

並鎖定幾位產品曾在市場上大受歡迎的「作者」，作為募資平台的選品依據。因為他們背後往往已經累積了一群願意再次消費的受眾。

在募資平台完成幾次套利後，我便開始思考：「有沒有可能把價格壓得更低？」

然後發現募資平台都會放作者的聯絡方式，所以我就直接私訊作者，詢問大量購買是否有更多優惠。

> 這種繞過平台的交易雖然更便宜，但存在一定的風險，並不鼓勵大家照做。

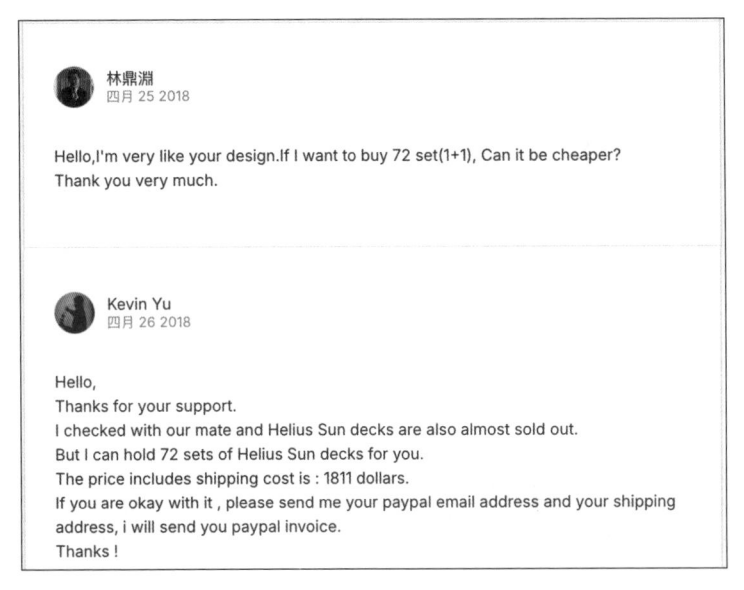

```
林鼎淵
四月 25 2018

Hello, I'm very like your design. If I want to buy 72 set(1+1), Can it be cheaper?
Thank you very much.
```

```
Kevin Yu
四月 26 2018

Hello,
Thanks for your support.
I checked with our mate and Helius Sun decks are also almost sold out.
But I can hold 72 sets of Helius Sun decks for you.
The price includes shipping cost is : 1811 dollars.
If you are okay with it , please send me your paypal email address and your shipping address, i will send you paypal invoice.
Thanks !
```

▲ 圖 10-3　我購買了 72 組，共 144 副撲克牌，1811 美元

因為寫了這篇文章，所以我特地去查了一下這副撲克的價格，現在蝦皮一副要價 2,699 元；而我當年購買時大約 400 多。

▲ 圖 10-4　現在蝦皮的價格已經漲到 2,699

我憑藉著資訊差低買高賣，也小賺了一筆錢（批發、國外代購的概念），由於購買量大，甚至曾被創作者誤以為我是魔術道具商。

但這個事業經營半年後，我發現 CP 值不高，因為：

- 進貨時：要與國外賣家談價格、貨量，並承擔運輸過程的耗損率。
- 販售時：要跟買家溝通、包貨、寄貨，店到店還有買家不取貨的風險。

儘管利潤有 20~40%，但不是每筆都大單，平均每單只賺 150~300 元（上圖那種好幾倍的利潤，是因為絕版與限量才造成的）。而且從國外批貨這件事也越來越多人做了，導致每個月的單量與利潤快速下滑。

一開始我以為自己找到了財富密碼，但後來才發現，這只是一條短暫的捷徑，所以就把賣場關閉了；但我還是保持收集撲克牌的愛好，至今已收藏超過 2000 副撲克牌。

▲ 圖 10-5　沒想到最後成為了撲克牌收藏家

這短暫的網拍生涯，讓我有一個重要的體悟：「沒有門檻的事情，誰都能做；就算賺到一點小錢，本質上也沒有任何成長。只有找到自己的護城河，才能長久經營持續成長。」

所以在斜槓這條路上，我接下來的目標並不是輕鬆賺錢；而是去走相對困難，但能建立自己護城河的路。

10-4 工作已經很累了，怎麼還有斜槓的力氣？

有些人會好奇：「工作已經很累了，你怎麼還有力氣做其他事情？」

從筆者的角度來看，**如果下班後沒力氣研究自己感興趣的產業，那你應該先思考自己是不是真的對它感興趣。**

說實話，如果連下班時間都不願意投入，那這個興趣對你來說更像是「娛樂消遣」，跟「斜槓賺錢」有相當大的差異。

就拿自己當範例，工作一年後，公司讓我單挑一個千萬級別的大案子；儘管工作極度繁忙，但在我在瘋狂加班常常搭末班車回家的狀態下，還是能撥出一小時練習魔術。

> 詳情請回顧「Ch5 工作好累！壓力爆表！我的付出值得嗎？」

你問我時間哪來的？我是利用每天桃園台北通勤的零碎時間練習的；儘管很克難，但我依舊在兩年內將花式切牌練到頂尖水平（練廢超過 100 副撲克牌），並開始接一些社區跟公司尾牙的商業演出。

▲ 圖 10-6　幾年前受邀職人專訪時，我憑藉肌肉記憶，還是能做出高難度的動作

為了提升自己的魔術水平，我還加入了由愛好者組成的魔術社團。這個社團的成員以社會人士為主，儘管每個人入社的理由不同，但都是因為魔術而聚在一起；如果你想進步，在「合適的環境」中能得到很多的建議與幫助。

▲ 圖 10-7　照片正中央的是這幾年很紅的「幻術大仙」

我在這個社團參與過 3 次公演，並擔任過 1 年的社長。加入這個社團應該是我魔術成長最快速的時期，**如果能與興趣相符的人定期交流，你的成長會超乎想像**。

▲ 圖 10-8　在師範大學舉辦公演

隨著魔術水平的提升，我的表演也逐漸從「模仿」成長為「創造」。

在 2019 年，我與職業魔術師合作，發表了一款心靈魔術 App；我想如果沒有工程師的背景，就算有魔術領域的人脈與知識，也很難孵化出這個產品。

▲ 圖 10-9　DL Note 這款產品，在兩週內創造 6 位數的營業額

我從未想過工程師的身份，會讓自己在魔術圈擁有獨特的優勢。斜槓的迷人之處，就在於能讓兩個看似毫無交集的身份，在某個意想不到的時刻迸出火花。

• 工程師下班有約：企業內訓講師帶你認清職涯真相！

10-5 找出夢想與專業的連結，讓斜槓從專業出發

許多職業魔術師終其一生，也未必能推出個人產品；而我才接觸魔術不到三年，憑什麼跨越年資的障礙推出自己的產品？

答案很簡單，就是「**專業**」。

在魔術領域取得成績後，我便開始思考：「有沒有機會用**相同的概念**，在不同領域取得成果？」

剛好當時工作的專案做到一個段落，部門也陸續來了幾位新人，在協助教育訓練的過程中，我發覺自己一直在做重複的事；與跟主管討論後，我便開始利用專案間的空檔撰寫新人教育訓練手冊、專案技術文件。

> 詳情請回顧「Ch6 理解越全面，越有談判的資本」

一開始我只是把這些任務當成日常工作執行，但沒想到越寫越有心得，塵封多年的作家魂居然在這個時候甦醒了。

於是我把這些文件寫的鉅細彌遺、邏輯縝密、圖文搭配，讓新人第一天上班，就能快速掌握公司組織架構、工作流程，即使接觸不熟悉的專案，也能在短時間了解核心技術與設計理念。

寫了幾個月後，我覺得這些文件只給同事看實在太可惜了，便開始思考有沒有把文章發表到部落格的可能性，最終根據以下原則篩選出了最早的文章：

1. **通用的基礎教學**：Ubuntu Server 環境設定、Nginx 高頻率使用功能、Web 工程師開發環境大補帖。
2. **搭配案例的實務應用**：用 Redmine 做專案管理的 5 個技巧、網頁前端 SSR & CSR 的應用場景、用 Node.js + Redis 解決高併發秒殺問題。

3. **常見的技術困惑**：Gitlab 安裝流程以及你可能遇到的坑、理解資料庫『悲觀鎖』和『樂觀鎖』的觀念

並於 2020 年 6 月，開始在 Medium 平台發表技術文章，希望幫助遇到相同問題的朋友們。

不過提醒一下讀者，**上面是我過去用的策略，隨著生成式 AI 興起，現在已經過時了。**

在 ChatGPT 橫空出世以前，大家遇到問題都會先 Google，用關鍵字查詢。

但現在遇到問題時大家會先問 AI，真的搞不定才會用關鍵字查詢，這導致基礎問題的瀏覽量暴跌，因為市場的需求改變了。

所以如果想分享技術文章，建議從自己「解決過的問題」出發，這類帶有個人經驗的文章放到現在依舊不會過時。

如果打算分享工作上的經驗，又擔心洩露公司機密，可以參考下面的寫作技巧：

1. 強調方法而非故事背景

    ✗ 不推薦：去年雙 11 活動，公司網站突然湧入大量訪客，導致訂單系統當機，我是這樣處理的

    ✓ 推　薦：高流量導致系統異常時，你必須知道的 5 個緊急處理步驟

2. 使用公開資訊證明自己的觀點

    ✗ 不推薦：公司官網改版後流量暴跌，原來是 SEO 沒設定好導致

    ✓ 推　薦：網站改版後排名掉了？4 個 Google 官方建議的 SEO 檢查步驟，幫你找出問題

3. 使用通用情境而非內部案例

    ✗ 不推薦：公司導入專案管理系統後，團隊發生的問題與調整

    ✓ 推　薦：導入專案管理系統時，企業最常遇到的 5 個問題與解法

就算今天沒有經營自媒體的打算，我也建議你把工作中解決問題的「思路」記錄下來；因為人的記憶力有限，如果缺乏文字記錄，可能幾個月後遇到相同問題時又會再卡一次。

就算不是為了公司，為了你自己也要好好紀錄；因為面試官往往會詢問你過去解決過哪些難題，而這些紀錄能幫助你在準備面試時快速回憶。

10-6 結語：讓專業成為斜槓的「捷徑」

講實話，我的魔術技巧在魔術圈根本排不上號；但因為我有寫程式開發產品的能力，所以才能在魔術圈占有一席之地。

同理，儘管我過去投稿 23 次文學獎落榜；但如果把寫作的領域換成技術文章，那我就是工程師中的頂尖。

重點不在於你有多強，而在於你的專業對其他領域來說是否「稀缺」。掌握這個概念後，人生其實可以走捷徑。

像我知道這輩子當不成職業魔術師，所以選擇開發魔術道具，創造一個堪比職業魔術師的成就來彌補遺憾。

在意識到自己沒有創作文學作品的天賦後，我就靠寫技術文章來累積屬於自己的護城河。

也許你的人生跟我一樣，無法在一開始選擇自己喜歡的路；但或許可以換個角度思考：「如何用專業搭起與夢想之間的橋樑，用自己獨特的方式實踐它。」

CHAPTER 11

「頭銜」對職涯與自媒體的重要性

> 人們在意的,不是你說了什麼,而是你是誰。

100 個做自媒體的人,有 99 個會消失;之所以用「消失」而非「失敗」,是因為**堅持的人太少,大多數的人連失敗都沒有體驗過**。

寫這本書的時候,是我經營自媒體的第 5 年。之所以能堅持這麼久,除了我熱愛寫作外,**最主要的原因是我把自媒體當成「提升本業」的工具**,分享的主題都圍繞在「最新技術、團隊合作、職涯成長」上面,這讓我在面試時有更多底氣。

> 就算自媒體本身不賺錢,但因為對主業有幫助,所以整體收入上升了。

許多人之所以自媒體做不下去,是因為他們想在短期看到效果、獲得收入;但除非是天選之人,否則前期賺到的錢可能連吃泡麵都有問題;**再次強調,穩定的本業才是斜槓的基礎!**

11-1 自媒體的初期真的只有「自己」

這邊先放上 2020 年 6 月,剛開始經營自媒體時的悲慘數據。

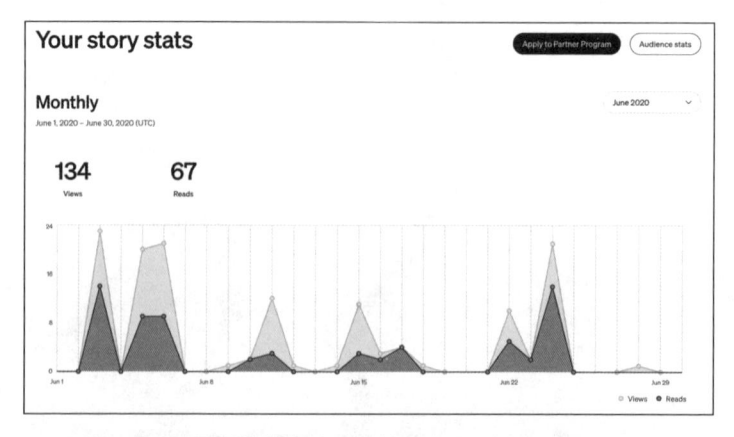

▲ 圖 11-1　這些瀏覽數基本上都是我分享給朋友後才產生的

一開始只是想找個平台來炫耀自己的 Side Project，於是我在 2020/06/03 發表了第一篇部落格：「免費打造結合即時通知 & 店家推廣的問卷程式」

▲ 圖 11-2　人生第一篇技術部落格

發文後我覺得自己寫的這麼認真，肯定會收到很多迴響，但實際上這篇文章直到今天還沒有任何一筆留言 😫 。

發表幾篇 Side Project 沒有得到迴響後，我詢問周圍有經營自媒體朋友的建議，大部分的人認為問題在於我挑選的主題太過小眾，因此無法獲得讀者共鳴。

所以我開始調整寫作主題，**改為分享自己工作中使用到的技術、經驗。**

在發表一系列的技術文後（ex：Gitlab 安裝以及我曾經遇到的坑、Nginx —— 你網頁的好夥伴、0 難度讓你在 Server 安裝設定 MySQL…），想說這樣總會有人看了吧？

但遺憾的是，瀏覽人數依舊超低，並且依舊沒有人給文章留言（哭泣）。

我想沒什麼互動，可能是因為文章的數量太少了，所以我在接下來的一個月發表了十幾篇文章，**想透過發表大量的文章來增加點閱率**；但…結果依舊石沉大海，我都懷疑自己的帳號是不是被 Medium 給 Ban 掉了。

才經營自媒體不到 2 個月，我就已經萌生放棄的念頭（崩潰）。

就算我是抱著做個人筆記的心情發表部落格，但內心還是希望有讀者可以跟我互動；在連續十幾篇文章沒有獲得任何迴響後，真的很難不陷入自我懷疑（可能筆者比較玻璃心）。

> 這邊要特別感謝我的好友 —— 朱騏，他的建議讓我在迷茫與自我懷疑時繼續堅持。

不要有被害妄想症

很多人拒絕經營自媒體，是因為害怕自己分享的內容被放大檢視，遭受到網友的謾罵、霸凌。

但實際上，在你成名前，根本沒人在乎你說了什麼。

11-2 文章發了個寂寞後,我選擇用「比賽」證明自己

儘管開局失敗,但我並沒有放棄,而是去思考幾個問題:

1. 是不是因為 Medium 讀者對我發表的主題不感興趣?
2. 如果我今天是在以技術為主的平台分享文章,是否能獲得更多迴響?
3. 如何證明自己寫的文章對讀者是有用的?

思考完上面幾個問題後,我選擇報名「iThome 鐵人賽」,這是一場**要連續 30 天發表技術文章的比賽**。

這場比賽對我來說有一個最大的賣點,那就是「得獎就出書」。

出書是我的夢想,但過去的經驗告訴我,素人要出書是幾乎不可能的事情;既然如此,我不如往比賽出書的路嘗試,就算是出版的是專業書籍,那也能獲得「作家」的頭銜。

得益於高中、大學比賽的經驗,我了解到**比賽想得名,最重要的不是你有多強,而在於你的對手是誰**;所以我開始瀏覽歷屆得獎者的作品,以及不同類別的參賽人數,最後發現了以下幾點:

1. **熱門主題都是高手雲集**:「Modern Web、Software Development、AI & Data」這幾個類別歷屆參賽人數居高不下,尤其 Modern Web 每一屆都有一群強者參賽,如果選擇這幾個類別,那我的對手就是一群菁英王者。
2. **人數較少的類別都是專家**:有些類別參賽人數相對少,但這並不代表裡面沒有高手;通常參賽人數少,是因為會這門技術的人真的不多,所以挑選這個類別的人通常已經在這個領域深耕已久。

在了解比賽的遊戲規則後，我從以下幾點去思考自己要拿什麼題目參賽：

1. 讀者為什麼要看我的文章？
2. 憑什麼要讀者按照我的建議去做？
3. 我過去做了哪些事情，能說服讀者跟著我一起做？

> **技術文件 ≠ 技術文章**
>
> 你或許在公司寫過很多技術文件，但這並不代表你擅長撰寫技術文章。
>
> 公司的技術文件只要表達清晰，讓同事看懂就好；但技術文章還要顧及閱讀樂趣，才能讓不認識你的人讀的下去。

最後我選擇了「行銷廣告、電商小編的武器，FB & IG 爬蟲專案從零開始」作為比賽主題，因為：

1. 這是我過去接的案子，有完整解決現實困境的案例。
2. 除了分享技術外，還可以分享專案完整的執行流程。
3. 選用的技術是 JavaScript，這是大多數工程師都會的技術。

在比賽策略上，我很清楚自己的技術並非頂尖，所以在文章中**加上許多軟實力的細節進行市場區隔**；而在類別上面，儘管「Software Development、AI & Data」都符合，但我選擇報名 AI & Data 這個類別，**因為參加人數較少，我有更高的獲獎機率**。

由於這是一個需要連續 30 天發文的比賽，所以比賽正式開始前，我就已經規劃好大綱，並準備了 21 天的存稿，這樣做的好處是：

1. **減輕比賽期間的寫稿壓力**：如果工作突然忙起來，你可能完全沒有時間寫文。
2. **在發文前有更多的時間優化品質、檢查內容**：不管過去的文章在當下看起來多完美，往往隔一段時間後再看就會發現許多不滿意，甚至錯誤的地方。
3. **提高完賽機率**：如果沒有規劃大綱，你可能會越寫越偏；如果沒有存稿，你可能因為突發事件而斷更。雖然比賽是 30 天，但很多選手是在發文到 20 多天的時候撐不住的。

為了提高自己完賽的機率、避免忘記發文，我還找大學的學弟一起組隊，在彼此的鼓勵與監督下，成功在各自的主題完成了連續 30 天發表技術文章的里程碑（組隊的完賽率更高，因為多了人情壓力）。

▲ 圖 11-3，為了不拖隊友後腿，大家都努力完賽

同時因為這個平台的主要受眾都是工程師，所以在文章發表後，**我收到許多讀者的反饋，比過去在 Medium 發文更有成就感**，以下是我在這場比賽的收穫：

1. 更了解自己的程式，因為撰寫技術文章會需要重新順過一次程式邏輯。
2. 發現當年只求功能正常的程式，架構真的很爛。
3. 透過重構程式，突破過去的思維盲點

> 在技術方面，「會」跟能夠「教」是不一樣的；如果想讓讀者理解你傳遞的知識，那自己勢必要對知識有更貼近本質的認知，而這個過程常常能打破你過去的瓶頸。

我很幸運的第一次參賽就得獎，並在 2020 年末收到博碩出版社的邀約，將系列文改寫成實體書籍。

通常我們寫完一篇文章後，就很少會去回顧它了；而出版剛好是一個回顧舊文的機會，在這個過程你會發現過去寫文時沒察覺到的總總問題，比如：

1. 程式碼邏輯不夠完善、排版不一致、命名不夠好⋯
2. 有些文字表達的不知所云，不知當時怎麼會這樣寫。
3. 只給出解答，沒有解釋為什麼選擇這個方案。

> 因為書籍印刷出版後就沒辦法變更文字，所以你會用更謹慎的態度去檢查你想傳遞的知識。

11-3 用「策略」放大自己的影響力

為了驗證斜槓對職涯有多大幫助，我在得獎出書後就開始面試；不得不說，「作家」這個頭銜為我帶來很高的談判資本。

出書前，我最多只能談到 +20% 左右的薪水；但出書後，基本能輕鬆談到 +30% 的薪水；但最後我沒有跳槽，因為原公司選擇 +40% 的薪水挽留，並將我升為主管職。

欲知詳情，可以回顧「Ch6 理解越全面，越有談判的資本 」。

成為主管後，我重新審視自己經營自媒體的策略，思考分享什麼主題的文章能讓職涯獲得更大突破，並取得更高的自媒體成就。

我出版的第一本書「JavaScript 爬蟲新思路」，最高銷售成績是**周排第二**，過一個月後就從排行榜上消失了。

▲ 圖 11-4　天瓏書局近 7 天暢銷榜

能拿到週排第二，對我這個素人作家來說已經是非常大的榮耀；但我也分析了排行榜掉很快的原因：

1. **受眾太少**：需要使用網路爬蟲的人並不多，且大多數的工程師會選擇自學而非購買書籍。
2. **沒人認識我**：這是最主要的原因，在出版業慘淡的年代中，暢銷書往往都是網紅寫的；消費者是衝著對方的名氣買的，而不是看內容買的。

為了取的更好的成績，最終我做了以下決策：

1. **持續在 Medium 發表文章**：雖然此時的追蹤人數不多，但幾個月前發的文章開始慢慢有流量了；而且我在這邊發表的技術研究、職場經驗，也能作為日後 iThome 鐵人賽的草稿。
2. **不同平台相互導流**：我在 Medium 與 iT 邦幫忙這兩個平台發文時，會在文末互相導流，讓更多人關注到我。

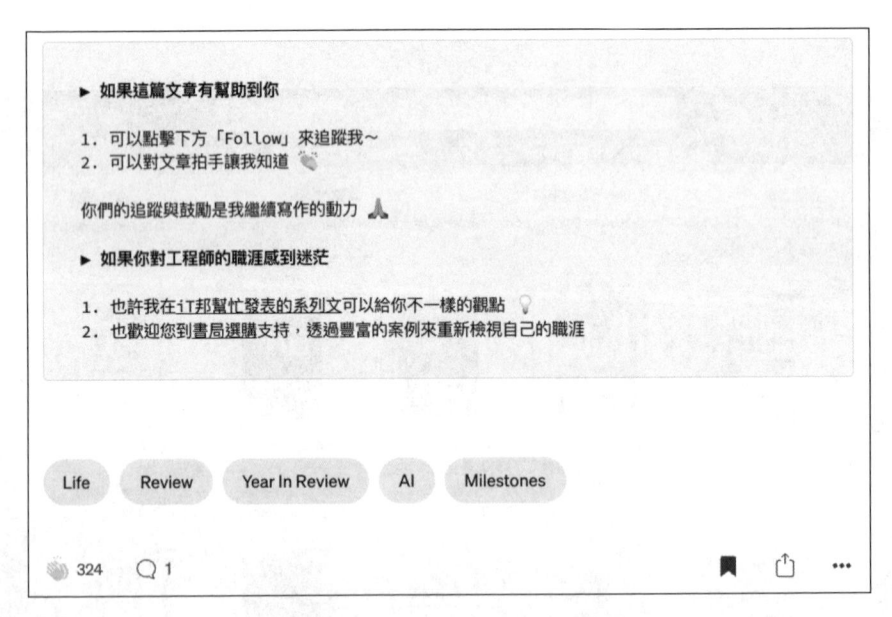

▲ 圖 11-5　Medium 文末導流

> 我在 Medium 平台 也分享了許多技術文章
> ❝ 主題涵蓋「MIS & DEVOPS、資料庫、前端、後端、MICROSFT 365、GOOGLE 雲端應用、自我修煉」希望可以幫助遇到相同問題、想自我成長的人。❞

▲ 圖 11-6　iT 邦幫忙文末導流

3. **分享到社群媒體**：在比賽得獎、成功出版後，我開始把文章分享到個人的社群媒體，讓更多人看到我的文章。

▲ 圖 11-7　在 FB 分享專業文章

11-11

> **筆者經驗談**
>
> 一開始我不太敢把技術文章分享到社群媒體，因為覺得做這件事很「怪」，而且應該沒什麼人會看。
>
> 發了幾篇文後，結果跟我想的一樣，觸及率極低；但意外的是，我陸續收到朋友私訊外包的合作機會。
>
> 我這才理解到發表技術文章可以塑造出「專業形象」（就算對方看不太懂），畢竟你不說，別人怎麼知道你有哪些專長？
>
> 其實我們身旁有許多朋友是潛在客戶，當他們有需求時，肯定是先找自己認識的人聊聊。

經過一年充分的準備後，我決定再次挑戰 iThome 鐵人賽，這次選的主題是「全端工程師生存筆記」；跟上次相比，我的策略進化了：

1. **事先準備好 30 天的存稿**：上一屆我大概花了 2 個月準備比賽，而這一屆，我是從過去部落格累積的上百篇文章中，去除所有廢話，精煉出最精華的 30 篇文章。
2. **挑選工程師最在意的主題**：這一屆我選擇從「履歷、面試、職場」這三大主題切入，並從工程師、專案經理、技術主管、面試官等角色進行全面性的解析。
3. **挑戰參賽人數多的類別**：這次我選擇參加「Software Development」組，儘管人數多的類別較難得獎，但含金量與曝光率也更高。

從結果來看，我的準備並沒有白費，除了比賽獲獎外，書籍出版後也在**兩週內登上月暢銷榜 TOP1**，並入選 2022 年度百大暢銷書。

▲ 圖 11-8　天瓏書局近 30 天暢銷榜

不管你的內心有多強大，總是需要一些成果，來證明自己的努力是有意義的。

但在出版過兩本書後，我便體悟到想單靠書籍的版稅過活，是一件幾乎不可能的任務；與編輯合作的過程中，我也了解到過去對出版社的理解過於片面。

喜歡一個產業，跟進入一個產業是兩件事。

> 筆者有感而發
>
> 這篇文章可能短短幾分鐘就看完了，但這是我花了 2 年多，不停調整執行策略，並犧牲下班與假日的休息時間才換來的成果。
>
> 除非你有挑起爭議的勇氣、逆天的氣運、謫仙般的文采、天仙般的顏值，否則作為一個「普通人」經營自媒體，是很難在短時間內看到成效的。

> 如果你是為了某個功利性很強的目的來經營自媒體，那麼有非常高的機率在半年內退隱江湖；因為在前期幾乎看不到任何收益，也不知道什麼時候才會有收益，那些剛開始就一砲而紅的只是個案。
>
> 如果有經營自媒體的打算，筆者建議「選擇自己感興趣的事」，這樣你才有可能在顆粒無收的狀態下持續堅持。
>
> 堅持做一件事情未必可以給你帶來財富，但絕對能給人留下深刻的印象，讓別人在第一次認識你的時候，知道你有「堅持、努力」的人格特質。
>
> 筆者擔任面試官時，非常欣賞有這類人格特質的求職者；因為自我要求高的人，通常都有不錯的工作能力。

11-4 借助「平台」的力量宣傳自己

如果你的個人品牌是走「專業導向」，那粉絲數的重要性會大幅降低；因為市場上的專業人才稀少，其中願意撥空分享經驗的更是少之又少。

這邊一樣拿自己來舉例，我原以為出版兩本書、登上暢銷榜，已經是人生的高光時刻；結果沒想到第二本書剛出版 1 個月，就收到「科技島」的邀約，請我去擔任他們的駐站專家，每週發表自己的觀點，而當時我 Medium 的追蹤者才剛滿 100 人（文章篇數比追蹤人數還多，真的超心酸）。

> 粉絲數不等於商業價值，「作家」的身份能幫你樹立權威。

▲ 圖 11-9　擔任科技島駐站專家

講實話，過去我覺得這應該是業界成功人士才會獲得的機會，我何德何能有這個榮幸？但遇到機會從不退縮的我，還是跟他們合作了，**在合作後我便深刻體會到「資源」的重要性**。

打個比方，我過去在 FB 宣傳自己的文章，觸及人數最多也就幾十個；但在科技島的幫助下，觸及人數在短短幾天就能達到幾千，有時甚至破萬，這個數據對過去的我來說是簡直是天方夜譚。

● 工程師下班有約：企業內訓講師帶你認清職涯真相！

▲ 圖 11-10 從圖中「按讚、留言、分享」的數量，可以看出「資源」的重要性

內容標題	作者	分類	標籤	💬	日期	Views ▼
工程師：「好！我閉嘴！反正我說的話都沒人在聽！」(2)｜專家論點【林鼎淵】	林鼎淵	企業職場、專家論點、數位生活	主管想什麼、專案管理、工作甘苦、工程師、林鼎淵、科技棠、解決問題	1	已發佈 2022 年 8 月 24 日上午 10:05	12,944
請你說明一下，這個功能的時數是怎麼估出來的？── RD 與 PM 的攻防戰｜專家論點【林鼎淵】	林鼎淵	數位生活、企業職場、專家論點、雲端運算	專案管理、工作甘苦、工程師、時數估計、林鼎淵、溝通、科技棠	─	已發佈 2022 年 10 月 3 日下午 4:00	10,228
技術部門主管不熟悉技術，就跟騎兵隊長不會騎馬一樣！｜專家論點【林鼎淵】	林鼎淵	專家論點、企業職場	主管、判斷力、工作甘苦、工程師、技術部門、林鼎淵、科技棠	─	已發佈 2022 年 11 月 2 日下午 4:00	9,482
工程師：「好！我閉嘴！反正我說的話都沒人在聽！」(1)｜專家論點【林鼎淵】	林鼎淵	企業職場、專家論點、數位生活	專案管理、工作甘苦、工程師、林鼎淵、科技棠、解決問題	2	已發佈 2022 年 8 月 22 日上午 10:20	4,108

▲ 圖 11-11 科技島後台數據

不過第一次獲得如此大的宣傳，也讓我對文章的內容更加謹慎，深怕傳遞不適合或錯誤的知識給大眾；因此每篇文章都花費大量的時間反覆打磨，盡全力寫出自己心目中最棒的作品。

> 寫文章給我稿費，又下廣告幫我宣傳；獲得這個機會時，我真的覺得是天上掉餡餅。

寫了幾個月的專欄後，科技島又約我到他們的攝影棚拍 Podcast，分享自己的職涯心得，以及目前市場工程師的求職現況。

▲ 圖 11-12　科技島攝影棚錄影

有平台願意幫你打廣告、背書後，個人品牌的可信度就會大幅上升；讓你更有機會接到一些企業、平台的商業合作邀約。

> **好的合作單位真的可以帶你飛**
>
> 科技島背後其實是「1111 人力銀行」，當時邀請我當駐站專家時平台才剛建立，所以我很幸運地成為了平台初期主要宣傳的對象之一。
>
> 在 2023 年又邀請我擔任「生成式 AI 創新學院發起人」，這個頭銜也讓我在日後斜槓到講師領域時獲得相當大的幫助。
>
> 我能走到今天，除了自己的努力外，運氣也佔了很大的成分；直到此時，我才認同這句格言：「機會，是給準備好的人。」

11-5 結語：擁有頭銜只是開始，持續創造價值才是關鍵

頭銜就像一張亮眼的名片，能讓別人願意停下腳步聽你說話；**但真正讓人留下來、甚至追隨你的，是你長期累積的價值與影響力。**

儘管筆者初期的文章乏人問津，但我透過比賽證明自己，並調整策略增加曝光度，讓出版的書籍成功入選年度暢銷書，甚至受到平台駐站專家的邀約。

雖然一路走來跌跌撞撞，但也讓我能分辨出：「什麼樣的努力，才能持續累積自己的價值。」

如果你也想用自媒體為自己築起一道護城河，筆者的建議如下：

1. **選擇自己真正熱愛的事**：有熱情，才有辦法撐過乏人問津的階段。
2. **持續調整策略、勇於曝光**：善用平台、比賽、頭銜，主動創造能見度，讓更多人看見你。
3. **別高估短期成果，也別低估長期積累**：把每個作品當成對自己未來的投資；只要不斷精進內容、提升表達能力並深化個人特色，就能打造出難以取代的個人品牌。

如果你跟筆者一樣，選擇用專業作為自媒體的素材，那斜槓累積的經驗&成果，其實能幫助你在職涯的道路走得更遠。

而「頭銜」能讓你走得更快，與其強調自己有多強，不如讓「職位、平台、作品」幫你背書，這些履歷更容易獲得陌生人與市場的信任。

我知道自己一路走來有運氣的成分，但所謂的「運氣」從來都不是偶然；透過不斷地努力、調整策略、創造真正有價值的內容，「運氣」終將成為水到渠成的必然。

NOTE

CHAPTER 12

經營自媒體時，
我遇過的心魔
與挑戰

> 環境就像個導師，不斷影響著我們的選擇。

「我有資格在這個主題發文嗎？這篇文章會有人看嗎？怎麼都沒人留言？我該發一些爭議的文章導流嗎？我真的要繼續創作嗎？」

我想許多創作者都在不斷詢問自己這些問題，我也不例外。

可以「忍受」孤獨，不代表能「習慣」孤獨。尤其當你將嘔心瀝血的作品發表出來，卻得不到任何回饋時，這種「無聲的孤獨」最讓人感到煎熬。

在社群媒體的時代，按讚、留言、分享是衡量作品價值最直觀反饋；大部分創作者就是用這些數據來判斷作品的好壞，以及未來創作的方向。

但如果作品長時間得不到認同，大部分的人都會陷入自我懷疑。

儘管我們常聽到「不要想那麼多，Just do it！」的勵志言論，**但在現實生活中，如果創作是你賴以維生的本職工作，那勢必要設一個停損點；就算是兼職，在面對看不到盡頭的黑暗，你又能堅持多少個夜晚？**

> 有些創作者是在黑粉的批評下受傷離場，但絕大多數的創作者是在沒人關注的狀態下落寞離場。

因此，我想在這篇文章分享自己與一些創作者朋友們遇過的心魔，以及克服的方式。

12-1 我這麼菜，真的有資格做自媒體嗎？

我剛開始寫文章的時候也會想：「市場上已經有這麼多大神了，還有誰要看我這種小咖寫的東西？」

但後來發現，正因為我是「小咖」，所以更能理解新手們的痛點；**小咖也有小咖的市場**，可以服務剛入門的族群，幫助他們用更低的門檻去學習、跨越目前遇到的瓶頸。

相反的，儘管大神寫的文章很棒，但可能因為涉及的知識面太廣，對初學者來說反而難以消化，在不具備足夠的知識背景時，常常會有看沒有懂。

如果你也有經營自媒體的打算，不妨嘗試從「自己過去解決的問題」或「自我成長的經驗」出發。

自媒體跟傳統媒體最大的不同，就在於它是從「自己」出發。

尤其在 AI 的時代下，如果只分享「xxx 的 5 個技巧」這類基礎知識，其實已經沒什麼市場了，因為大家問 AI 搞不好還能得到更詳盡甚至更快速的答案。

但每個人過去經歷的職場困境、工具的使用心得都是獨特的，假如你的身份是剛接觸前端一年的新手工程師，那麼可以從以下幾個角度分享：

1. **解決過什麼問題**：前端菜鳥如何用 Flexbox 搞定 RWD 網頁設計。
2. **過程中遇到的挑戰**：第一次用 Flexbox 就踩雷？設計 RWD 網頁時我遇到的 5 個挑戰。
3. **從失敗中學到的教訓**：被 Deadline 壓垮後，我用血淚換來的 4 個專案管理技巧。

能吸引人點閱的文章，往往不是大而空泛的理論，而是創作者實際遇過的問題，以及從挫折到成長的心路歷程。不需要有什麼高大上的成果，但一定要是「真實」且主題「明確」的。

以下是我在 Medium 與 iT 邦幫忙的流量數據，其實大部分「流量不錯」的文章，都在分享個人經驗或細分領域的基礎知識：

Jan 2023	**ChatGPT 的翻譯有比 Google 翻譯更優秀嗎？** 6 min read · Jan 22, 2023 · View story	107K Views	68K Reads
	如何寫出有效的 Prompt，獲得更好的 ChatGPT 回覆 7 min read · Jan 20, 2023 · View story	50K Views	27K Reads
Oct 2020	**手把手帶你實作 Microsoft Power Automate 超簡單範例** 5 min read · Oct 13, 2020 · View story	42K Views	23K Reads
Mar 2021	**MDM 是什麼？被應用在哪寫地方？我的生活被 MDM 入…** 3 min read · Mar 23, 2021 · View story	41K Views	21K Reads
Feb 2021	**如何用 Redmine 做專案管理 & 體驗心得** 9 min read · Feb 23, 2021 · View story	32K Views	13.9K Reads

▲ 圖 12-1　Medium 瀏覽數較多的文章

7 Like	3 留言	16755 瀏覽	達標好文 技術 **[職涯]工程師選擇公司要考慮哪些細節？常見迷思分享** 13th鐵人賽　職涯選擇　工程師職涯　選擇公司　常見迷思 2021-09-24 由 寶寶出頭天 分享
5 Like	1 留言	24777 瀏覽	技術 **[職涯]留任還是離職？看完這篇後再做決定！** 13th鐵人賽　職涯規劃　技能成長　公司環境　同事關係 2021-09-23 由 寶寶出頭天 分享
2 Like	1 留言	12102 瀏覽	技術 **[面試]準備好要詢問公司的問題，面試就是資訊戰！** 13th鐵人賽　面試　面試官種類　了解工作模式　團隊技術 2021-09-22 由 寶寶出頭天 分享

▲ 圖 12-2　iT 邦幫忙瀏覽數較多的文章

這讓我回想起以前上社群經營的課程時，講師曾強調：「你文章的目標讀者要越精確越好，不要老想著讓所有人都來看你寫的文章；**如果你分享的內容別人也能輕易寫出來，那你就要去思考如何讓自己的文章有獨特性。**」

12-2 下班後的誘惑好多，靠意志力好難自律

很多人想在下班後經營斜槓，但上班已經很累了，下班還是躺平滑手機比較舒服。

每次講到「自律」，似乎都離不開「靠意志力硬撐」的刻板印象，但我並不建議完全只靠意志力；更有效的方式，是打造出一個讓你不得不行動的「環境氛圍」。

回想過去我魔術技巧進步最快的時候，不是參加大師研習會，也不是請私人家教，而是：

1. **報名魔術比賽**：我是一個勝負欲極強的人，所以報名比賽能燃起我的鬥志；讓我願意花時間優化已經熟悉的技術，並正視過去表演的缺點。
2. **參加社團公演**：公演不是自己一個人的事，就算想偷懶，整個社團也會監督你練習，透過一次次的驗收，同儕壓力會讓你成長到大家認可的模樣。

▲ 圖 12-3　不要忘記自己內心的悸動，你的直覺會為你找到方向

這些經驗給我的體悟是：「**很多時候我們並不是沒有力氣，只是缺乏一個讓自己動起來的目標與環境。**」

於是我把這個方法也應用在參加「iThome 鐵人賽」上，為了完成這個需要連續 30 天發表專業文章的比賽，我幹了兩件事：

1. **公開目標讓自己沒有退路**：告訴身旁朋友今年要參加 iThome 鐵人賽，這種公開承諾的做法，讓我在完成目標時多了一份「責任感」。
2. **透過群體壓力克服惰性**：參賽的時候多拉幾個朋友一起下水，這讓我在文章寫到想放棄的時候，因為「愧疚感」而堅持。

透過這種方式，「自律」就不再單靠意志力，而是靠環境與人際壓力推動前進。

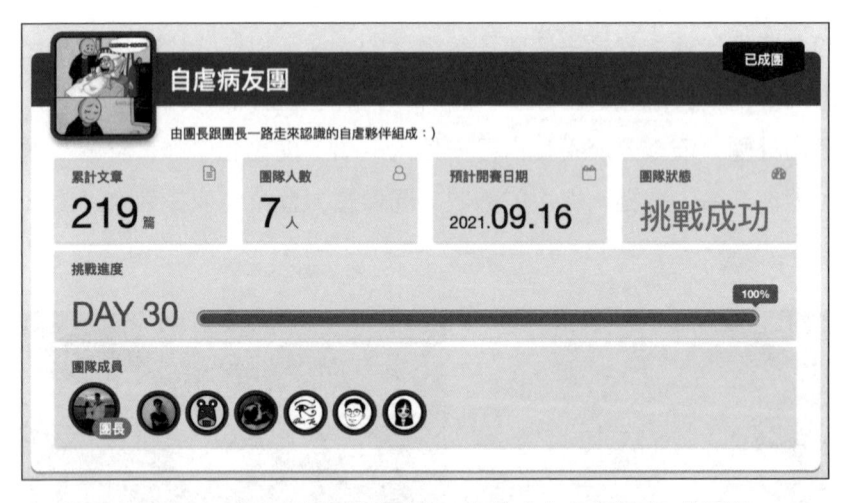

▲ 圖 12-4　會參加這種比賽的人，無愧「自虐病友團」的團名

當身旁有目標相同的朋友一起努力時，你就更有前進的動力；透過環境的壓力，你更有機會達成過去自己辦不到的事。**在創作的路上，一個人走很孤獨，但多幾個人相互鼓勵，反而能走得更遠。**

12-3 看到別人違背初心後獲得流量，我好羨慕

我認識兩位表演者，他們都是苦練傳統技藝 10 餘年的藝術家，隨著短影音興起，3 年前他們開始上傳自己的表演影片到 YouTube。

儘管兩位的表演能力，都已經到達該領域的「頂尖」水平；但他們的影片播放量始終不慍不火（2000~5000），直到某天其中一人的影片突然獲得百萬流量！

在這隻影片中，**表演不是重點**，而是他邀請了一位爆乳網美一起跳繩，流量密碼就是這麼的簡單（人類果然是哺乳類動物？）

> 內容如有雷同，純屬巧合，請勿對號入座。

你覺得另一位表演者知道這樣可以獲得流量後，他會怎麼選擇？一起加入流量密碼嗎？

不！他選擇一生懸命！堅持做自己認為對的事情！

從結果來講，找爆乳網美拍片的人獲得了金錢與名氣上的成功，也讓這項傳統技藝被更多人看見（雖然現在看他影片的人，都不是為了看他表演）；而**另一位堅持做自己的朋友，現在已經沒有再發片了。**

上面的故事並非個案，而是自媒體領域的日常；這篇文章的重點也不是要說誰對誰錯，而是希望大家思考一件事：「如果眼前存在一條捷徑，但需要違背自己的初衷時，你會怎麼選？」

面對這個問題，筆者選擇「做自己」，因為自媒體不是我的本業，所以就算沒有收入也不會影響生活；就像我寫這本書，不是為了討好別人，而是想說出自己內心的想法。

我的目標不是讓很多人喜歡我，而是去吸引認可我理念的人。

最後跟大家分享電影《熔爐》裡，一段讓我很有共鳴的話：「**我們一路奮戰，不是為了改變世界，而是為了不讓世界改變我們。**」

12-4 我覺得自己沒有天賦，該放棄嗎？

經營自媒體對我來說是一種「走出舒適圈」的決策，在剛開始沒有流量的初期，我也時常懷疑自己是不是沒有天賦。

但幾年之後，我才了解到：儘管每個人的「天賦」不同，但「才能」可以透過後天培養，**想做到一件事，「信念」遠比天賦重要。**

就像筆者儘管寫作的天賦不足，但靠著持續調整經營策略，如今也寫了超過 400 篇文章、出版了 7 本書。**信念代表的不僅是堅持，而是你為了達到目標，願意做出的所有嘗試。**

前面分享了很多寫文章的心路歷程，接下來聊聊我**拍攝影片**時遇到的高牆。

在 2022 年 12 月 22 號，出版社編輯邀請我到 iThome 鐵人賽的頒獎典禮，在舞台上用 5 分鐘的時間，與得獎者分享自己的出版經驗。

收到邀請時我馬上就答應了，因為這是個能與「一群大神」建立連結的機會。

但在寫好講稿後沒多久，編輯突然在 12 月 29 號打電話給我，通知活動流程可能要調整，並提出三種方案：

1. 維持上台分享：如果按造原定計畫，那時程會壓縮到 2 分半，內容難以充分表達。

2. **改到出版社攤位分享**：可能相同的內容要講很多次，畢竟每個人逛攤位的時間點都不一樣。
3. **錄製影片**：將原本要上台分享的內容改成用「影片呈現」，這樣做可以讓有出版需求的人專心觀看，不受限於時間地點。

經過一番掙扎後，我決定採用「錄製影片」的方案，這個方案有以下好處：

1. **對想出書的人來說**：如果僅聽台上分享，那即使聽到了重點也未必來得及筆記，活動結束後也容易遺忘，而影片可以讓有需求的人反覆觀看。
2. **對出版社而言**：影片可以給未來每一屆的得獎者參考，具備重用性。

但對我而說，這是一個「從零開始」的挑戰，儘管我過去有上台演講的經驗，但面對鏡頭錄影還是第一次。

再加上截止期限只剩下兩天（12/29、12/30），使我必須在極短的時間內完成講稿調整、實際拍攝，並根據建議多次重錄。下面是我在拍攝過程遇到的困難：

1. **服儀穿著**：不知道該穿休閒還是正式的服裝，需不需要搭配妝髮？
2. **拍攝地點**：原本想在家中完成，奈何完全沒有乾淨（素色）的背景。
3. **面對鏡頭**：因為不適應，所以我的目光會不自覺得往上飄，而且表情僵硬像背稿。
4. **語速、音量、流暢度**：正常聊天可以口齒清晰，但一上鏡頭就容易卡詞、語速飆升或音量忽大忽小。
5. **手勢與鏡頭範圍**：我講話習慣用一些手勢輔助，但影片拍攝時，還需要考量到手勢會不會超出鏡頭範圍。

過去覺得 YouTuber 能輕鬆面對鏡頭，講話不卡詞是一件很「普通」的事情。

但沒想到過去認為的「普通」，在親自上陣時卻遇到了許多狀況，下面用時間軸來向大家展示我所做的事情：

- **12/29 上午**：得知計畫變更後，我便利用午休時間修改講稿，並與編輯確認內容是否合宜，以及拍攝相關的注意事項。
- **12/29 晚上**：在家錄了近 20 次，才勉強生出一個還算流暢的版本；編輯在看完後給了許多改進的建議（ex：攝影背景、鏡頭角度、台詞、咬字…）
- **12/30 中午**：繼續利用午休時間錄影片，並跟編輯確認哪裡還能優化。
- **12/30 晚上**：下班後我大概錄了超過 100 次，拍到 11 點多才結束，會選擇結束，是因為自己已經講到沒聲音了，無法繼續拍攝。

最終這不到 6 分鐘的經驗分享影片，我花了 10 個小時才錄完；有興趣的讀者可以掃描 QR Code 來觀看：

▲ 圖 125　從得獎到出書，經驗分享影片連結

會花這麼多時間，不是因為我追求完美，而是因為我天賦太差。最終的完成品，也只是符合及格的標準而已。

也許對有天賦的人來說，這類影片可以一次過；但如果你沒天賦，可能真的要花比別人多 100 倍的時間努力。**這 100 倍不是誇飾，而是我真的花了這麼多時間。**

但就算知道自己沒有天賦，當機會來臨時我還是勇於挑戰。

在 2023 年 8 月，我收到商周集團開設線上課程的邀約，當時我已經有豐富的現場演講、網路直播、節目訪談的經驗。

因此想說「影片錄製」對自己而言已不再是難題，**但這 3 小時的課程，不含備課時間，我光錄影就花了近 100 小時**（還好課程都是在家裡錄，不然工作人員錄完可能都想辭職了）。

但相比於上次，我這次已經進步了 3 倍（起點低的好處）；然後在後期發現一個能提升自己錄影效率的技巧：**現場有觀眾聽我說話，沒人的話擺玩偶也可以。**

> 我的方法未必適合你，但我相信透過大量的嘗試，總是能找到相對適合自己的方案。

在 2025 年 3 月，我收到來自好實力學院的開課邀約，這次要錄製 6 小時的線上課程。

面對更多時數的影片拍攝，我猶豫了一段時間後還是接受了挑戰，因為我很清楚：「**讓自己進步最快的方法，就是不斷走出舒適圈，讓環境逼自己成長。**」

這次的課程採「現場錄影」，結果跟我想的一樣，當現場有觀眾的時候，我的效率大幅上升。這次 6 小時的課程，我花了 **25 小時就錄製完畢**。

天賦決定上限，努力決定下限。 也許我們努力一輩子也無法成為頂尖，但只要持續進步，當你有一天回頭看時，才會發現自己原來已經走了這麼遠。

12-5 結語：成功的道路並不擁擠，因為堅持的人不多

時間回到 2020 年 6 月，我那時 Medium 部落格的單月瀏覽量只有 134；但到了 2023 年 4 月，已經突破單月 76000，**成長了超過 500 倍**！

雖然還稱不上成功，但這些數據對我來說，足以證明時間和堅持能帶來的複利。

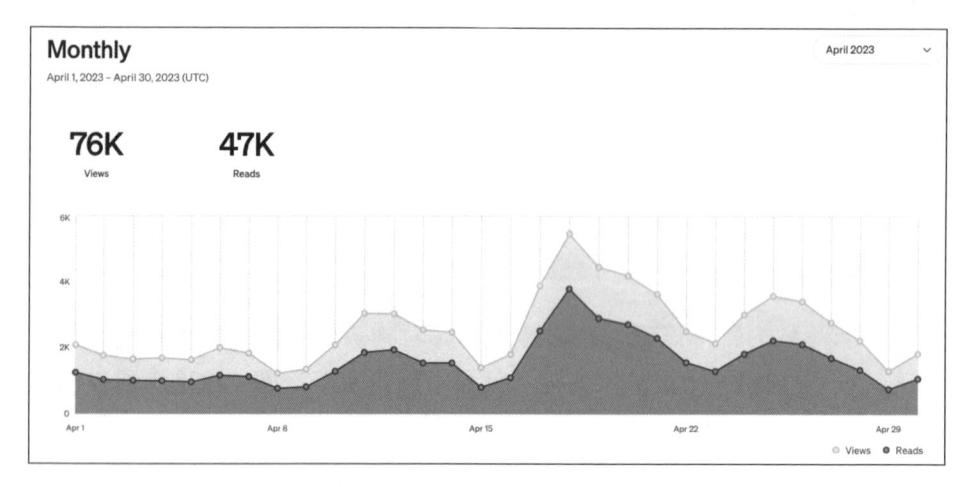

▲ 圖 12-6　超過 500 倍的成長

截至今日（2025/04/15），我在 Medium、iT 邦幫忙、科技島這 3 個平台**發表超過 400 篇文章，總瀏覽人數破 400 萬**。

隨著時間推移，有越來越多朋友、同事，跟我說他們在 Google 找資料的時候查到我的文章，並順利解決他們的問題；甚至還遇過面試官說他看過我的文章、買過我的書。這些回饋讓我感受到：「只要把經驗分享出來，就有機會在某個時刻幫到別人，甚至幫助到未來的自己。」

回頭檢視自己的文章，主要的流量都來自關鍵字搜尋，社群媒體僅佔一小部分。下面是「ChatGPT 的翻譯有比 Google 翻譯更優秀嗎」的文章後台數據，可以看到絕大多數的流量都來自 Google 關鍵字搜尋（101K），而 Facebook 這類社群媒體相對較少（3.1K）。

Views by traffic source

Internal	7%
External referrals	**93%**
google.com	101K
email, IM, and direct	11K
facebook.com	3.1K
www.bing.com	290
search.yahoo.com	200
gitmind.com	71
github.com	53
plurk.com	49
masiro.me	49
statics.teams.cdn.office.net	46
All other external referrals	311

▲ 圖 12-7　Medium 文章後台數據

分享這些數據是想讓你知道：「只要文章能幫讀者解決問題，搜尋引擎最終會把有需求的讀者帶到你面前。」

社群媒體的流量往往是一時的；相較之下，搜尋引擎的流量雖然成長緩慢，卻能持續穩定累積，最終成為支撐你自媒體長遠發展的重要資產。

在 2020 年「自媒體」一詞紅起來的時候，筆者身邊也有不少人進入這個產業，但能持續到現在的一隻手數得出來。

我之所以能一路走到現在，並不是因為特別聰明或有天賦，而是願意在面對每一次困難時，努力調整策略並重新出發。

這讓我深刻體會到：「**會留下來的，往往不是一開始最厲害的那群人，而是願意不斷調整、堅持下去的人。**」

CHAPTER 13

> 讓過去的不可能，
> 成為現在的日常

• 工程師下班有約：企業內訓講師帶你認清職涯真相！

夢想不能只是想像，感謝你拼了命去闖 —— 曾經瘋狂

2022 年回母校演講時，有學弟問我：「如果想完成的事情很多，而且每個優先級都很高，排不出先後順序該怎麼辦？」

我當時半開玩笑地回答：「如果你的內心足夠渴望，而且這些事情不管哪個都無法輕易捨棄，那只能燃燒生命了！」

結果沒想到在 2023 年，我就真的實踐了這個回答。

如果說寫部落格、參加比賽、出版書籍、成為專欄作家，是我用策略得到的成果。那這篇文章想傳遞的，則是抓緊「**時代紅利**」的重要性，跟著潮流走，你的人生就像開了加速器，可以在短時間取得過去從未想過的成果。

▲ 圖 13-1　2023 年回母校演講

13-1 當別人還在觀望時，你傾盡全力就能吃下這塊市場

前幾年的春節，筆者都在趕稿中度過，原本想說今年可以好好放鬆一下；結果在年假前 2 天（2023/1/19），突然接到了編輯的電話，我們聊了很多，但縮短成主旨就是：「最近 ChatGPT 的話題超火，但現在中文圖書市場還是一片空白，你要不要跟著趨勢一起飛？」

起初我是直接婉拒的，但編輯憑著三吋不爛之舌，最終還是說服了我寫這本書，於是我問：「這本書預期的頁數、交稿日期？」

編輯：「300 頁，期望在 2/20 前交稿。」

我：「所以你我要對一個不熟悉的工具，從 0 開始在一個月內，完成一本 300 頁的書？」

編輯：「對！」

當時我心裡的 OS 是：「你要不要聽聽看自己現在到底在講什麼。」

先讓大家有個概念，我前兩本書都花了「半年」以上的時間才完成。

一個月的時間，說真的連校稿都略顯勉強，現在要我直接寫完一本書，這是有可能辦到的嗎？

當時我就想：「好！既然這件事是 ChatGPT 搞出來的，那我就來考考他，看他要如何幫我完成這本書。」

於是年假期間，我每天都沉浸在與 AI 的對話當中。從一開始規劃書籍大綱，到扮演不同角色完成各章節的實戰案例，再從自己的使用需求出發，測試他不同領域的極限在哪（ex：寫程式、撰寫需求規格、繪圖）。

- 工程師下班有約：企業內訓講師帶你認清職涯真相！

最終，我只花了 11 天就完成書籍草稿；有圖有真相，下面是我 Medium 部落格的發文紀錄（1/19~1/29）。

ChatGPT 會對專家造成威脅嗎？我的工作會受到影響嗎？
每當 AI 技術有新發展時，新聞媒體就時常出現「XXX 工作要被機器人取代了！」、「AI 將撼動 XXX 領域的專家！」這類標題。這到底是危言聳聽還是真有其事呢？筆者將透過這邊文章分析…
Published on Jan 29 · 5 min read · In Dean Lin

會從萬事問 Google 變成萬事問 ChatGPT 嗎？
ChatGPT 跟 Google 一樣能提供人們所需的資訊，甚至可以說跟 Google 相比，ChatGPT 取得資訊的門檻更低；因為使用者能透過對話的方式一步步接近答案，不需要透過關鍵字反覆嘗試。但…
Published on Jan 29 · 5 min read · In Dean Lin

PM 的最佳輔助！跟 ChatGPT 聊天就能產出 PRD（產品需求規格書）
無論你是不知道 PRD 怎麼寫，還是 PRD 寫到厭世，ChatGPT 都能緩解你工作上的壓力！筆者過去兼任 PM 時，最困擾的問題是「不知道有哪些需求」以及「不知道需求怎麼開」；不過在試…
Published on Jan 26 · 4 min read · In Dean Lin

3 個小技巧讓 ChatGPT 變聰明！
先前在「如何寫出有效的 Prompt，獲得更好的 ChatGPT 回覆」這篇文章中，筆者介紹了 prompt 的基礎使用原則，而這篇文章則是再補充一些小技巧（簡寫、符號、語言設定），讓你…
Published on Jan 26 · 5 min read · In Dean Lin

必讀！了解 ChatGPT 有哪些問題與限制
筆者最近高頻率的使用 ChatGPT，在享受便利的同時也碰到了不少坑（bugs & issues & limits）；因此將這些問題彙整起來與大家分享。
Published on Jan 26 · 5 min read · In Dean Lin

ChatGPT Code Review、Refactoring、Comments 的能力如何？
ChatGPT 的 Code Review 能力如何？能幫我們解釋（Explain）、重構（Refactoring）、加註解（Comments）嗎？這邊我們就使用上一篇 Side Project 完成的 Code，來看看 ChatGPT 的表…
Published on Jan 25 · 13 min read · In Dean Lin

靠問 ChatGPT 寫程式，能完成 OpenAI & Linebot 的 Side Project 嗎？（下）
在這篇文章中，我們要來設定 Line 的 webhook，並測試 ChatGPT 寫的程式是否可以正確執行；並告訴讀者遇到問題時，我們可以從哪些面向來思考、解決；最後於文末給想用 ChatGPT 寫程…
Published on Jan 25 · 13 min read · In Dean Lin

靠問 ChatGPT 寫程式，能完成 OpenAI & Linebot 的 Side Project 嗎？（上）
許多網紅都說 ChatGPT 寫程式的能力超強，不但可以解 LeeCode 還能幫你優化程式，甚至寫點小專案都不是問題，但事實真的是如此嗎？就讓筆者透過一個 Side Project 來測試看看。
Published on Jan 25 · 9 min read · In Dean Lin

▲ 圖 13-2　1/25~1/29 發的 8 篇文

根本是開外掛！普通人也能用 ChatGPT 提升生活品質！

時間對每個人來說都是公平的，每一天都是 24 小時；但這 24 小時會因為富貴貧窮、積極消極而對每個人有著不同的意義。如果問我 ChatGPT 對普通人來說最大的幫助是什麼，我覺得應該是…

Published on Jan 23 · 9 min read · In Dean Lin

ChatGPT 的中文跟英文能力一樣好嗎？會影響擔任專家時的對話嗎？（以面試官舉例）

相信大部分的讀者都已經玩過 ChatGPT 了，不知道大家是用「英文」還是「中文」與他溝通呢？我想應該有不少人好奇「ChatGPT 的中文跟英文能力一樣好嗎？」

Published on Jan 23 · 19 min read · In Dean Lin

ChatGPT 的翻譯有比 Google 翻譯更優秀嗎？

Google 翻譯已經有十多年的歷史，剛誕生的 ChatGPT 翻譯會比他更優秀嗎？這是我在看到 ChatGPT 有「文本翻譯」功能時，心裡產生的疑問。

Published on Jan 22 · 6 min read · In Dean Lin

掌握 5 個技巧，讓你使用 Midjourney 像個專家！

雖然只要簡單的關鍵字、句子就能讓 Midjourney 產生絕美的圖片，但有時圖片的風格、角度、層次…跟我們要的並不相同。就像是建築物有文藝復興、巴洛克式、中國傳統建築…等風格，但如…

Published on Jan 22 · 9 min read · In Dean Lin

原來 Midjourney 的 Settings 對產圖有這麼大的影響！？

這篇文章筆者將會舉出實際案例，讓你知道 Midjourney 的 Settings 裡面有哪些參數，以及他們會對產出的圖造成什麼影響。

Published on Jan 21 · 6 min read · In Dean Lin

如何使用 Midjourney，讓 AI 產生絕美圖片

這篇文章的目標，是帶領讀者透過「關鍵字」讓 Midjourney 產生絕美圖片；相信最後的完成的作品，會讓你驚嘆於 AI 的繪圖能力。

Published on Jan 21 · 7 min read · In Dean Lin

如何寫出有效的 Prompt，獲得更好的 ChatGPT 回覆

有朋友試用 ChatGPT 後，覺得他總是給不出自己期望的回覆；這是因為 AI 距離我們的生活還太遠，還是因為沒有掌握到使用要領呢？今天這篇文章會先帶你了解「Prompt」是什麼，並用簡…

Published on Jan 20 · 6 min read · In Dean Lin · Unpublished changes

ChatGPT 是在夯什麼？一文帶你了解他的能力範圍，以及對我們有什麼實際幫助

Facebook 在 2004 年 9 月成立，在 2005 年 9 月擁有 100 萬的使用者；而 ChatGPT 在 2022 年 11 月開放註冊後，短短一個星期內就吸引超過 100 萬名使用者。儘管時空背景不同，但已經可以…

Published on Jan 19 · 7 min read · In Dean Lin

▲ 圖 13-3　1/19~1/23 發的 8 篇文

● 工程師下班有約：企業內訓講師帶你認清職涯真相！

儘管在 ChatGPT 的幫助下產出大量文章，但作品的靈魂還是需要創作者親自賦予；所以我又花了 11 天的時間，在文章加入更多使用細節與個人經驗，讓書籍閱讀起來有「人」的溫度。

最後這本書僅花了 22 天就交稿，比編輯原本預計的時間還要更早，這是我在動筆前根本沒想過會發生的事。

在與出版社一起不眠不休的校對、排版後，全台第一本 ChatGPT 應用專書在 2023/2/24 號正式面世！

▲ 圖 13-4　Yahoo 新聞報導

一個月寫完一本書，過去聽到會覺得是在唬爛，但沒想到我真的辦到了。如果有人問我 AI 好不好用，我想這本書的存在就是最好的證明。

但每個人對好壞的標準不同,就我自己來說,目前 ChatGPT 大概只能做到我心中 70 分的水平,假使想交出 90 分的成績,還是要靠自己過去的經驗進行補充。

不過正因為 AI 幫我處理掉那些大量、繁瑣、沒什麼創意的基礎工作,我才能省下時間與力氣,把精力投入到「優化」上面。要是這些文章都要從零開始撰寫,我根本不可能在一個月內完成一本書。

AI 沒有取代我,反而讓我能專注在真正重要的事情上。

> **故事背後的故事**
>
> 雖然 AI 幫我大幅提升寫作效率,但背後還是花了 230 小時的作業時間。想在短時間交出有一定水平的作品,真的只有燃燒生命才有可能辦到。
>
> 順帶一提,寫書這件事,是在我有正職工作的狀態下完成的。

這本書在上市後並沒有辜負我的期待,**連續三個月都穩站暢銷榜的前兩名,並在兩個月內 7 刷。**

林鼎淵(Dean Lin)

出版商:	博碩文化
出版日期:	2023-03-09
定價:	$620
售價:	7.8 折 $484
語言:	繁體中文
頁數:	304
ISBN:	6263334134
ISBN-13:	9786263334137
相關分類:	ChatGPT
其他版本:	ChatGPT 與 AI 繪圖效率大師(第二版):添加 GPT-4、Bing Chat、ChatGPT plugins 等全新章節,從日常到職場全方位應用,打造AI極簡新生活
銷售排行:	🥇 2023/4 繁體中文書 銷售排行 第 2 名
	🥇 2023/3 繁體中文書 銷售排行 第 1 名
	🥇 2023/2 繁體中文書 銷售排行 第 2 名

▲ 圖 13-5　穩站書局暢銷榜

即便是上一本入選年度百大暢銷書的著作，也是隔了近一年才再版；而這本書在出版業日漸蕭條的狀況下，銷售量堪比奇蹟（甚至有段時間賣到缺貨）。

某次在校園講座分享這段故事時，有位同學舉手發問：「那個時候 ChatGPT 才剛推出，你怎麼敢寫書啊？」

我的回答是：「當時 AI 已經是最熱門的話題，只是大部分的人都還在觀望。我也不確定寫書的決策是否正確，但我很清楚如果要寫，就要在最短的時間完成。因為這個世界只會記住第一名，就像大家只記得第一個登上月球的人是阿姆斯壯一樣。」

我能取得這麼棒的銷售成績，除了內容寫得很用心外，最主要的原因是當時的市場根本沒有競爭者。

> **筆者的人生態度**
>
> 在棒球比賽中，目標是全壘打的人，更容易被三振。
>
> **但只有想打出全壘打的人，才有機會打出全壘打。如果做事總是模稜兩可，那機會永遠不屬於你。**
>
> 我不怕被三振，所以會對人生中每個迎來的機會都揮出全力一棒，從過去的比賽、經營自媒體，到現在的出書與未來的講課都一樣。
>
> 儘管經歷過很多挫折，但人生中的各種不完美，不就是讓自己有再次挑戰的理由嗎？

13-2 選擇遠比努力重要

這是我出版的第三本書，儘管花費的時間、心力遠少於前兩本，但獲得的成績卻遠超過他們。就拿收入來說好了，前兩本書的版稅相加再乘以十，才勉強能與第三本書抗衡。

會有這樣的結果，原因不外乎就是下面兩個：

1. 產業趨勢：

    - **熱門話題**：AI 是所有新聞媒體都在報導、網路社群都在討論的話題。
    - **藍海市場**：儘管當時 AI 討論的熱度高，但對應的商品都尚未推出。

2. 主題受眾：

    - **網路爬蟲（第一本）**：這是只有少數工程師會關心的主題。
    - **工程師職涯（第二本）**：工程師與想成為工程師的人都會感興趣。
    - **AI 工具應用（第三本）**：不限職業，所有想增加效率、遠離瑣事的人都會成為我的受眾。

其實不管「自媒體」還是「職涯」，如果想獲得不錯的發展，都離不開產業與受眾。假使待在夕陽產業，目標受眾又不多；那不管你有多努力，都是徒勞無功。

一個很簡單的道理：「老闆都沒賺錢了，怎麼還有錢發給員工？」

13-3 善用槓桿，利用社群擴大你的影響力

出版 ChatGPT 書籍後，我也改變過去經營自媒體的策略。

以往我只把部落格文章分享在「個人」的 Facebook、LinkedIn 等社群媒體上。可身為一個邊緣人，我的觸及率超級慘，常常按讚都只有個位數。

但出版這本 ChatGPT 的書籍後，我知道如果不趁這個時候曝光，就浪費過去的努力了。所以我每寫完一篇文章，就會將他分享到多個 AI 社團。

- 工程師下班有約：企業內訓講師帶你認清職涯真相！

▲ 圖 13-6　在多個 AI 社團發文

以結果來說，我的決策非常正確；把文章分享到社團後，每篇文章的瀏覽數可以輕鬆破萬，分享次數破百都十分常見。**有許多邀約，都是在社團發文後，網友主動聯繫我的。**

你擅長什麼事情，就要大聲的告訴大家，否則在資訊氾濫的時代根本沒有人會注意到你。

過去我們會說「酒香不怕巷子深」，但現在你要做的，是把好酒端出來給大家免費試飲；而且免費試飲還不夠，你要不斷推陳出新，給大家不同的口味。

就算路過的人不喝也沒關係，時間久了，他們就會記得你這邊有好東西，如果有需求就會找上你。

> **為什麼要在社團發文？**
>
> 大多數人打開社群軟體是為了放鬆，專業要動腦的文章其實沒幾個人能看得下去。
>
> 但如果你將文章分享到關注自我成長的社團（ex: 職涯、技術），只要文章有一定的品質，通常會得到不錯的反響（因為受眾明確）。

另外提醒一下大家：「**在社團發文要具備一定的心理素質。**」

我過去之所以很少把文章分享到社團，就是怕自己的內容不夠好，會被其他人挑戰。

因為發文除了會得到鼓勵外，一定也會聽到批評的聲音。

面對這些負面評論，一開始我還蠻玻璃心的，但現在我已經學會將這些評論當成好心人的免費校稿，並趁機思考文章是否有不完善之處；畢竟每個人看事情的角度不同，虛心請教有時還會得到不錯的啟發。

但網路上什麼人都有，有些酸民只是為了否定而否定，如果不幸遇到這種心理有病的人，筆者建議不要理他，因為你們的對話完全不在同一條線上。

永遠不要跟笨蛋爭論，吵贏了，你比笨蛋還笨蛋；吵輸了，你比笨蛋還不如；打成平手，你跟笨蛋沒兩樣。

不要檢討被害人啊

13-4 機會是給勇於挑戰的人

過去我們常聽到「機會是留給準備好的人」，但現在技術的更新頻率遠超過去任何一個時代。

在新技術面前，大家的起跑線一樣，根本不存在「準備好的人」；不過當市場有需求時，自然就會有人補上這塊缺口，他們是「勇於挑戰的人」。

這個時代只要學得比別人早、比別人快，你就能成為對方的老師。

出版全台第一本 ChatGPT 應用專書後，我的信箱與社群帳號收到鋪天蓋地的邀約：企業內訓、校園講座、機關培訓、雜誌專訪、書籍出版、節目錄影、產品業配、線上課程…等機會一口氣全部擺在我的面前。

儘管都是 AI 主題的邀約，但各行各業的使用場景、需求不同；所以許多課程都要進行一定程度的客製化，甚至很多時候還需要學習新工具，所以除了 ChatGPT 外，我還講過下面這些 AI 工具的應用：

1. **簡報**：Gamma、Tome、SidesAI
2. **動畫**：Runway、Hedra、Pika、Haiper、Heygen、Capcut、Sora
3. **圖片**：Midjourney、DALL·E、Ideogram
4. **音樂**：Suno、AIVA
5. **程式**：GitHub Copilot、Warp、Cursor、Codium
6. **其他 AI 工具**：NotebookLM、Napkin、n8n、Perplexity、Claude

我在同個主題下之所以會列出多個 AI 工具，是因為想知道同性質的工具間存在哪些差距，這樣才有辦法說服自己，並告訴學員為什麼要學這個工具。

如果只想當一個賺錢的講師，固定的主題、熟悉的教學方式才能讓你輕鬆獲利。但比起賺錢，我更在意「自己」能否在每次教學中成長，而不是像個機器人般當讀稿機。

所以每次講完課後，我都會根據學員的反饋對教材進行優化，甚至調整教學方式、增加案例。

在課程安排上我以實作為主，希望學生能跟著步驟親手做出成果，這才是我認為有意義的課程。但我並非所有工具都達到精通水平，所以有時在實作的過程，也會遇到一些解決不了的問題。

儘管遇到無法解決的問題有點掉漆，但我還是堅持在課程安排實作，否則如果只單純看我演練，學員怎麼知道實際操作會遇到哪些問題？

逃避不會解決問題，只有正面迎接挑戰才會知道自己有哪些不足之處。

很多人覺得只要「踏出舒適圈」就能獲得成功。但實際上，你要「一直」待在舒適圈外，才能保持優勢。

這幾年來我到過許多產業分享 AI 工具的應用，從金融、科技、房地產，到製造業、公家機關都有，甚至還去過軍事基地分享。

如果你問我是不是精通這麼多產業，我會老實說：「你想太多了。」

AI 確實大大擴展了我的能力範圍、工作效率；除了企劃、寫程式、製作簡報這類文字領域的應用外，還能幫我生成動畫與製作音樂，這是幾年前完全無法想像的。

下面分享一段讓我印象很深刻的對話，之前收到一間傳媒公司的製作人邀約，請我幫一群媒體人講課，裡面有許多成名已久的大佬。

那時我跟他說：「你要確定欸，我不是這個領域的專業人士。」

結果沒想到他回我：「就因為你不是業內人士才找你，我想讓那些前輩知道現在的市場發生多大的變化，即使沒有專業也能靠 AI 做出讓人眼睛一亮的作品。」

這段話讓我意識到：有時學生需要的並不是專家，而是一個能帶領他們突破舒適圈的人。

> **筆者有感而發**
>
> 這邊想從「講師」的角度分享一些心得,在講課這件事上,**我覺得被同一個單位邀請很多次,比被不同單位邀請更難。**
>
> 這個「難」體現在很多方面:
>
> 1. 如果第一場講不好,後面主辦單位就不會再邀你。
> 2. 相同主題你可以在不同單位重複講,但在同個單位就需要準備新的主題。
> 3. 因為觀眾聽過你的課,所以會對接下來的課程品質有心理預期,你只能持續鞭策自己。
>
> 最後感謝中華電信的信任,讓我有機會與同仁分享 7 個不同 AI 主題的課程。也感謝好友謝博文的一路相挺,幫我促成了 7 場全國教師線上研習。

13-5 取得先行者優勢後,我獲得的時代紅利

下面是我在 2023 年取得的里程碑:

- 3 個月內出版 3 本書(其中一本在 2 個月內 7 刷)。
- 9 場線上課程、工作坊(商業周刊、遠見雜誌、T 客邦、MasterTalks...)。
- 17 場企業內訓、校園演講(中華電信、中華郵政、甲山林、群益期貨...)。
- 100 多篇部落格、專欄文章(科技島、商業周刊、生成式 AI 創新學院)。
- 2023 博客來、天瓏書局年度百大暢銷書。

- 經理人月刊專訪、元大人壽刊物專訪、科技島 Podcast 專訪、華藝數位職人專訪、撰寫英文時事閱讀選、接 Hahow 課程業配、上人間衛視節目、生成式 AI 創新學院發起人、商周名人堂。

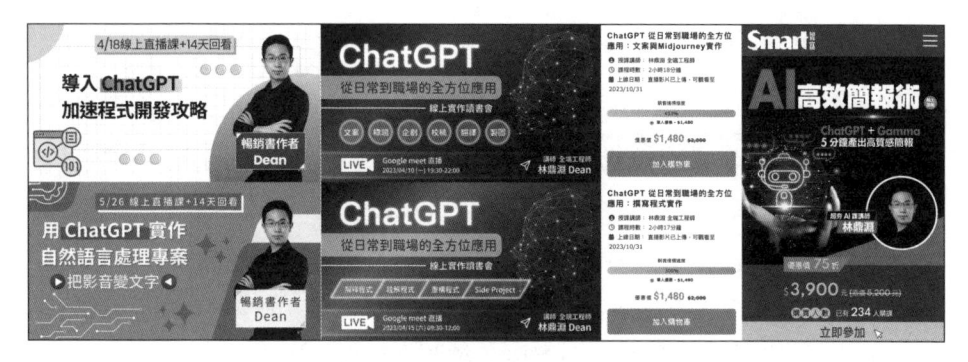

▲ 圖 13-7　2023 年開過的線上課程

這些里程碑，是我在有正職工作的狀態下完成的。幾年後回顧這段旅程，我也必須承認：「**即使時間倒轉，我也未必能做得更好。**」

這也是我人生中第一次了解那些網紅、KOL 的商業能力，**雖然我沒啥聲量，但 ChatGPT 有啊！**

講實話，我充其量只是一個比較早接觸 AI 工具的使用者；但**憑藉著「先行者優勢」**，居然能在一個月賺到普通上班族可能一年才有辦法賺到的收入。

當時大腦甚至冒出一個想法：「要不要趁這個機會創業？」

但這個念頭只存在短短幾秒鐘，因為我反問自己一個問題：「你現在之所以能賺到錢，是因為競爭者不多；等專家們加入這個市場後，你還有優勢嗎？」

當時我給自己的答案是：「沒有。」

這應該是目前人生離創業最近的一次了，但當時我覺得 AI 可能再紅個一兩年就會迎接泡沫，並且這個領域很快就會變成紅海市場。

但事實證明，我當初的判斷是錯的。直到我寫書的當下（2025 年 4 月），AI 的討論度反而變得更高了，而且更深入各行各業，我講課的邀約也從沒斷過，甚至今年還要推出專門為中小企業設計的 AI 線上課程。

如果當時真的辭職創業，或許人生會有不同的發展吧，但人生沒有如果。

> **人終究只能賺到自己認知範圍內的財富**
>
> 儘管講課、出書讓我賺到不少錢，但「產品化」才是最賺錢的。
>
> 之前有個團隊趁勢推出了「AI 錄音裝置」，長得跟名片一樣薄，主打將語音轉文字、生成內容摘要。其實這工具的本質就是呼叫 OpenAI 提供的 API，技術難度並不高，有相關背景的工程師都能很快完成。
>
> 但你知道這個產品的營收有多高嗎？7000 萬美金。
>
> 技術不難，難的是你要知道市場有這塊需求，並將產品推廣到需要的客戶手上。這部分就需要團隊與商業思維了，單純擁有專業是不夠的。

13-6 我具備哪些「不公平」優勢？

跟出書一樣，我也曾幻想過某天會有人來幫我拍紀錄片。

結果在 2023 年末，我收到華藝數位的邀請，以「軟體工程師」的身份進行職人專訪。

打開信件時，我當下心情甚至比過去比賽得獎、書籍拿排行榜冠軍時更興奮、激動。因為「職人」這兩個字對我來說是一種肯定，證明你過去的努力是有意義，而且有被大家看見的。

但「職人」這兩個字又充滿重量，我腦海中能被稱為職人的，基本上都已經白髮蒼蒼；我不禁問自己：「我才剛滿三十歲，真的有資格撐起這個稱號嗎？」

我是個有自知之明的人，如果單論「軟體工程師」的身份，我自認是擔當不起這個稱號的。

所以我換一個角度思考，為什麼別人會把我視為「職人」？我擁有哪些其他「工程師」所不具備的優勢？

然後，我看見了自己的「不公平優勢」：

1. 在外商公司擔任軟體專家
2. 出版過多本專業書籍
3. 擔任多家企業的內訓講師
4. 開設過多堂線上 / 實體課程
5. 經營自媒體、擔任專欄作家

想在短時間判斷一個人有多少能耐，最簡單的方式就是看他過去的履歷。

也許對軟體產業的人來說，我只是一個能力不錯的工程師；但從業外人士的角度來看，我已經成為產業的「大師」了。

▲ 圖 13-8　華藝數位專訪片段

其實講白了，我是因為有經營自媒體才獲得這個機會的；畢竟你得先讓對方搜尋到，才有可能寄邀請信給你。

> **技術比我強的人很多，我只是比較會經營自己**
>
> 高手之間可能存在巨大差距；但除非是懂行的人，不然根本無法分辨。
>
> 如果你打算經營個人品牌，其實專業能力到達一定水平後，繼續提升未必能帶來更大效益（因為大多數人看不懂你有多強），此時**取得頭銜**與**提升表達能力**反而能帶來更多收益。

13-7 結語：0 到 1 是突破，1 到 100 不過是積累罷了

寫這本書時，是我經營自媒體的第五年。我發現「0 到 1」要靠自己覺醒，而「1 到 100」只是時間早晚的問題。

下面簡單總結這些年我做過的事情：

1. 參加 2 次 iThome 鐵人賽，共分享 60 篇技術文。
2. 發表超過 300 篇部落格文章。
3. 寫了超過 80 篇專欄文章。
4. 出版了 7 本書，涵蓋網路爬蟲、工程師職涯、AI 工具應用等領域。
5. 講了超過 60 場的企業內訓 / 機關培訓 / 校園講座。
6. 開過 10 堂公開販售的線上課程、工作坊。

努力並不會與成功畫上等號，但每一本書、每一堂課、每一篇文章，我都努力把它做到自己能力範圍內的最好。

也許有人這本書看到現在，依然覺得這些里程碑是「倖存者偏差」。

但我認為，如果能在有本職工作的狀態下「持續」精進；相信絕大多數人，都能突破自己原本認定的極限。

雖然許多里程碑是搭上 AI 的浪潮才取得的，但他們都有許多的「前置條件」，比如：

1. **出版書籍**：如果過去沒有寫書的經驗，出版社怎麼會邀請你出書？
2. **上台講課**：我過去魔術師的表演經歷，讓我在講課時有穩健的台風，面對意外時也不至於驚慌失措。
3. **個人專訪**：因為時常擔任跨部門溝通的角色，使我了解如何用白話文來分享專業技能，講話更接地氣。
4. **人格特質**：只要我答應了某件事，就會全力去做；這讓我在業界有不錯的口碑，現在大多數的邀約都是以前合作單位轉介紹的。

回頭看，我才發現過去的所有努力，可能都在等待這個適合我的上場時機。你的堅持到底，是從後面追上別人的原因。

文章看到這邊，可能有不少人覺得我要推坑大家經營自媒體；但說句老實話，**經營自媒體想獲得成果真的不容易**（下一篇文章我會分享經營自媒體遇到的各種意外，打破大家對這個產業的幻想）。

即便我已經搭上 AI 趨勢的熱潮，但從自媒體獲得的收入，跟本業相比還是有一段距離。

如果你的本業是工程師，那在行業中 PR80 所領到的薪水，可能是自媒體 PR99 才能賺到的錢。

PR80 只要用對方法、足夠努力，絕大多數的人都可以達到；但 **PR99** 除了努力外，天賦、運氣缺一不可。

相比於斜槓、副業，我個人認為 CP 值最高的還是做好主業。因為就算你在茶水間摸魚、在廁所當薪水小偷，工資還是會準時到帳。

13-19

如果你打算把自媒體當全職工作，錢就是一個現實的問題；你可能沒辦法按造自己的意願創作，甚至需要出賣良心，成為自己當初討厭的那個人。

就算靠經營自媒體賺到錢，你還要考量到未來的「可持續性」。就像我沒把握未來每個月都會有穩定的邀約，開課都會有幾百人報名一樣。

在文章的最後，想跟大家分享我最近感觸很深的一句話：「**無論多麼偉大的作家，也不過是在書寫個人的片面而已。**」

> 這本書僅是從我個人視角看到的世界，每個人都是獨立的個體，只有你能為自己的人生負責。

CHAPTER
14

> 永遠有自己不會的事，但錯誤不能犯第二次

....
真正的強大，不是要控制一切，而是允許一切發生。
....

經營自媒體的過程中，除了要面對初期的自我懷疑外，當你取得一定的成果後，總會有新的挑戰（意外）出現。

這篇文章會先分享筆者過去講課時遇到的各種突發狀況，以及對應的解決方案，如果你工作有上台 Demo 的需求，相信這篇文章具備相當高的參考價值。

另外隨著自媒體逐步成長，你會與越來越多人有合作關係，此時簽合約就非常重要。我會帶你了解合約條文中的常見陷阱，避免你簽下一份只保障對方權益的合約。

在文章的最後，要跟大家分享筆者經營多年、累積百萬流量的部落格，被無預警被停權的驚悚事件。

大多數人的自媒體都是從平台（FB、IG、YouTube、LinkedIn、Medium…）開始的，但你有想過當平台發生問題時，自己該怎麼辦嗎？

唯有先想到最壞的情境，你才有抵禦風險的能力。

14-1 掌握環境變數，減少講課發生意外的可能性

講課是需要經驗的，除了本身的專業能力外，更重要的是面對突發狀況的應變能力，以及了解如何準備來避免意外的發生。

靠著 AI 紅利，筆者出版「ChatGPT 與 AI 繪圖效率大師」的書籍後，收到各大企業與平台的邀約；有些講得很順利，而有些則遇到各種意想不到的問題，在這篇文章我會把自己踩過的坑一一向大家分享。

I. 現場授課的注意事項

有些企業是在平面的演講廳授課，這樣會遇到幾個問題：

1. **字幕不清楚**：只有前幾排才能看清楚螢幕上的字。
2. **畫面被人擋到**：後排的觀眾除了看不清楚字外，視線還會被前排的觀眾擋住。
3. **缺乏互動**：現場觀眾看不到講者時，就容易進入物我兩忘的休眠狀態。
4. **聲音品質不穩定**：有時麥克風會有回音、雜訊、沒電的狀況。
5. **電腦接不到大螢幕**：有些現場的設備較為老舊，如果你使用 Mac 可能會遇到螢幕無法連接的問題。
6. **網路受到限制**：部分機關的網路有分成內網、外網，並限定僅能瀏覽特定的網站，甚至有些場地時禁止攜帶手機進入。

可以如何改善？

1. **請主辦單位提供演講的場地照片**：知道是平面還是階梯式。
2. **了解預計會有幾排座位**：如果場地太深就需要調整簡報字體大小，才能讓後排也看得清楚；如果有現場演示的部分，也請一併考慮進去。
3. **詢問是否有高講台與高腳椅**：平面的場地容易有觀眾看不到講者的情況，如果觀眾看不到講者就可能缺乏互動，此時我們可以用高講台與高腳椅讓講師被更多人看見。
4. **提前到場地試音**：因為有些麥克風有 echo 的設定，或靠近某個位置會產生雜音；建議除了無線麥克風外，再準備一個有線麥克風以處理突發狀況。

5. **詢問場地是否連接過 Mac**：如果場地過去都沒有接過 Mac 系統，就要請主辦方準備一台備用電腦以防萬一；如果到現場發現真的無法順利投影，可以先嘗試調整延伸顯示器的解析度，並把更新頻率調到最高，有一定機率解決問題。
6. **將授課會使用到的網址貼給主辦方**：這個真的很重要，如果到了現場才發現網址都打不開，你絕對會瘋掉；另外如果禁止攜帶手機與個人電子產品，你要先確認自己登入的網站是否需要 Google 驗證碼，不然無法登入就真的傻眼了，一定要先跟主辦單位確認這些細節。

II. 遠端直播課的注意事項

如果你是在家做遠端直播，那可能會遇到以下問題：

1. **網路不穩定**：使用手機熱點分享網路，可能會遇到訊號不穩的狀況。
2. **背景音干擾**：像是家人、鄰居發出的聲響，附近施工、消防演習、救護車經過的聲音。
3. **直播軟體人數上限**：直播課通常使用 Zoom、Teams、Google Meet 等線上會議工具，但就算主辦方有付費，每個軟體還是有人數上限（筆者撰文當下為 1000 人）。
4. **不得不處理的狀況**：突然被按電鈴、家中室內電話響起。

可以如何改善？

1. **盡可能使用網路線或是 WIFI**：網路線是最穩的，另外如果會與多人共用網路，那也要注意頻寬是否穩定；如果不得已要用手機熱點，請準備第二台手機且搭配其他電信作為備用方案。
2. **向家人說明自己的講課時間**：請他們在講課時盡可能降低音量，並且不要突然與自己講話。

3. **使用麥克風收音**：如果背景音問題無法解決，可以考慮用麥克風收音來取得較好的品質（也減少打字的按鍵聲）。
4. **把市內電話線拔掉**：直接從根源斷絕電話響起的可能性。
5. **準備 YouTube 直播**：如果遇到直播人數上限的問題，這是最簡單的解決方案；但他有個門檻，就是**訂閱人數要滿 1000 人，才允許直播人數無上限**。
6. **先處理完現場狀況再講課**：萬一遇到按電鈴、電話鈴響這類的狀況，建議先跟觀眾說聲抱歉，並快速解決狀況後再回來講課，否則干擾會持續發生。

III. 現場直播課的注意事項

有些單位會邀請講師到主辦方的攝影棚做直播，通常這樣做是為了保證課程進行時的網路品質，但也可能遇到一些突發狀況：

1. **現場網路問題**：可能網路線沒有網路、WIFI 訊號不穩定、網路速度不夠。
2. **設備不熟悉**：有些單位會要求講師使用主辦方的電腦，但如果作業系統不同、快捷鍵與外掛沒有設定；那這些使用習慣上的差異，就可能導致操作過程中發生意外。
3. **分享的畫面出問題**：可能遇到色偏、解析度不夠、畫面變形、螢幕斷電等問題。
4. **遇到技術問題需要暫停**：有時課程講到一半，會需要臨時進入中場休息處理技術問題。
5. **需要操作多台電腦**：有些單位簡報用的電腦，與現場操作的電腦是分開的，在講課過程需要提示導播現在要切到哪個畫面。

可以如何改善？

1. **提前到現場測試網路**：無論網路線或 WIFI，在沒什麼人用的時候都很順暢，但如果現場有一堆人在使用就會把頻寬吃掉，一定要先測試極限狀態下是否可以穩定使用（如果有播放影片的需求）。
2. **盡可能使用自己的設備**：自己熟悉的設備，就算出事也比較知道該怎麼處理，如果是不熟悉的設備可能出事就直接升天。
3. **提前到現場測試設備**：如果自己帶電腦，一定要提前確認投影畫面是否符合預期。
4. **準備臨時中斷的話**：像是「目前直播遇到了一點技術問題，為了給大家帶來更好的體驗，課程先進入中場休息 10 分鐘，如果對剛才的內容有任何問題，可以先打在留言區。」
5. **一定要提前體驗多台電腦的操作方式**：為了讓直播課程的畫質更好，有時會需要講者同時操控多台電腦，一台用簡報筆操控、另一台現場操作；這對沒有相關操作經驗的講者來說難度超高，因為你講課的節奏需要重新調適，比如簡報的下一頁就需要在兩個地方都按，且講簡報時無法跳頁，如果沒意識到這些情境就會導致你講課的品質大幅下降。

無論現場還是直播教學，對觀眾來說都是「一次」的體驗；如果你失誤了，那他們就會記住這個場景，進而對你的專業產生懷疑。

你靠專業獲得演講的機會，但演講本身也是一個專業。

> 可能是筆者運氣太好，所經歷的演講或多或少都遇到了可以改進與注意的地方。

14-2 所有線上工具，都有故障的可能性

講課時除了現場環境可能發生意外，如果你使用的是「線上工具」，那也有突然故障的可能性。

即使分享這些案例會影響大家對我專業的觀感，我還是決定把它放進書中，如果這些失敗的經驗能給大家帶來一些警惕，那就值得了。

I. 講課時，學員反應看不到分享的螢幕畫面

原以為經過兩年多的歷練，我面對各種問題都可以從容解決，但幾個月前一場 300 人的全國教師線上研習，我遇到了全新的問題。

這是一個我已經合作過 6 次的單位，當時使用的直播軟體為 Google Meet，為了避免意外，我前一天晚上還有先排練過。

但沒想到當天早上講課時，觀眾向我反應無法看到 Chrome 瀏覽器的分享畫面，收到問題後，我猜測是瀏覽器的問題，不過切換成 Safari 跟 Brave 還是無法解決。

接著推測有可能是帳號權限不足，但主辦單位跟其他與會者也都無法順利分享畫面。

嘗試多種組合方案後，發現用平板是可以順利分享講義的；但這樣就無法帶學員做實戰演練了。

因此上課的過程中，我跟主辦方也在嘗試其他的解決方案，幸好最後發現換成 Firefox 可以順利分享畫面，但三小時的課程已經過了一半。

儘管最後還是完成了這場研習，但行程 Delay 了半小時，許多操作來不及實際演練。

這個事件再次提醒我:「不管你準備的多充分,總是有發生意外的可能性。即便是 Google Meet、Chrome 這些大家習以為常的工具,也有可能突然故障。」

II. 災難!簡報在重要演講前夕故障

講課前一晚,我一定會打開簡報,跑一次課程內容確保一切符合預期。

但有次打開線上簡報準備練習時,螢幕上顯示兩個大大的字:「喔!不。」

一開始以為是網路問題,所以我試著重新整理頁面,但畫面依舊頑強地顯示:「喔!不。」

▲ 圖 14-1　簡報突然無預警掛了

看到這個結果後我狂冒冷汗，因為這幾乎代表簡報已經沒救了…但我還是不死心的嘗試了各種手段祈禱奇蹟出現：

- 重新命名檔案
- 把檔案複製一份後開啟
- 用無痕頁面重新登入
- 邀請其他人共筆編輯
- 聯繫客服

但奇蹟沒有發生，上面的方案全部行不通，客服過了 3 天才回我訊息。

簡報故障當下，我的心情非常糟，因為過去已經花了 2 週時間備課，有種努力完全失去意義的感覺。

但當我想到隔天有數百名學員等著上課時，腦袋就瞬間清醒了。抬頭看了一下時間，晚上 9 點，而課程安排在明天下午 2 點，我告訴自己：「一切還來得及！」

冷靜下來後，我並沒有馬上重做簡報。而是思考還有沒有其他開啟簡報的方式，並給自己一個時限：「半小時。」如果時間內找不到解決方案，我就認命重做。

在嘗試的過程中，突然想到早上做完課前測試後，有傳一個「僅供檢視」的簡報連結給主辦單位。

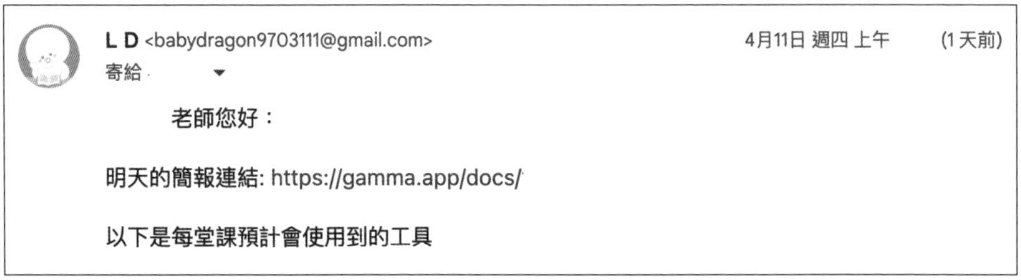
L D <babydragon9703111@gmail.com> 4月11日 週四 上午 (1 天前)
寄給

老師您好：

明天的簡報連結: https://gamma.app/docs/

以下是每堂課預計會使用到的工具

▲ 圖 14-2　幸好有這個備份連結

我不抱希望的點開連結，結果發現居然可以順利檢視！！！最終只花了半個多小時做資料移轉，並在隔天順利完成企業內訓。

這次意外給了我一個警鐘：「**不要預設線上服務都能順利運行，你永遠要有一個以上的備案。**」

下面是我學到的 5 件事：

1. 任何線上服務都有風險，儘管線上簡報很好用，但出問題時，你根本求助無門。
2. 人遇到意外時難免沮喪，但別忘記只有做出行動才能解決問題。
3. 若要嘗試救援，請訂下「時限」，因為不是每次運氣都這麼好。
4. 如果你還是要使用線上簡報軟體，請記得下載可以離線瀏覽的版本（PDF、PPT）。
5. 建議將圖片素材備份到自己電腦，否則雲端出問題時你很難救回來。

現在回想起來，要是我沒有養成在前一晚打開簡報練習的習慣，我應該會在企業內訓的現場爆掉。

III. 產品在 Demo 給數百人看的時候壞掉

我認為自己是一個非常細心的講師，在我準備的講義中：

1. 有課程需要使用到的一切素材（ex: 圖片、影片、文字、音頻…）
2. 操作步驟都有詳細截圖
3. 重要技巧除了在現場 Demo 外，還會在講義中特別強調

我追求的是：「讓學員只要複製貼上講義的內容，就能體驗 AI 工具的強大。」而且講課前，我都會再全部測試一遍，確保萬無一失。

但人生沒有劇本，無論準備的多完善都可能遇到突發狀況。有次我挑選了一個時下最夯的 AI 工具作為課程素材，但我沒考慮到：

1. 當數百人同時操作時，產品是否能承受對應的人數壓力
2. 新創公司推出的產品也許很棒，但可能不是那麼穩定

這次我在 Demo 完產品，換學員操作時；因為有數百人同步操作，導致系統無法承受壓力而壞掉。這代表後面的步驟我也無法執行了，當下還有幾百個人等著看我操作，那場面說多尷尬就有多尷尬。

雖然在 Demo 時壞掉很悲劇，但幸好我的講義有把所有步驟詳細記錄。儘管無法現場 Demo，但至少讓學員在課後操作時有一個參考依據。我也在這次事件後更謹慎挑選課程素材：

1. 減少用新創公司推出的產品來當教材。
2. 若要使用新創公司的產品，以自己 Demo 展示為主。
3. 安排教材時須考量學員人數，有些產品在數百人同時操作下會壞掉。

另外有些產品如果在同個網域下被大量使用（ex：公司網路），也有可能會被誤認為是 DDoS 攻擊而被禁止訪問。

> 其實除了新創公司的產品在多人使用時會出狀況，Google 雲端的檔案如果短時間被大量下載，資源也有可能被禁止喔！

14-3 簽合約時，不要把自己親手給賣掉了

隨著自媒體逐步成長，你會與越來越多人有合作關係，此時簽合約就非常重要。

儘管簽合約可以保障雙方權益，但如果簽約時條款沒看仔細，那往往只保障對方的權益。

老實說，很多人簽約就像網路填表單時勾「我同意」一樣隨便，但這種完全信任對方的表現，通常會讓未來的自己非常吃虧。

筆者過去跟多個單位合作過，有時是自己提供合約，有時是對方提供；**假如由對方提供合約，請務必逐條看仔細，並用最不相信人性的角度去審視。**

通常你會看到非常多不合理的條款，請務必據理力爭；如果因為害怕談判破裂而妥協，你只會葬送自己的未來。

> 現在 AI 很方便，可以先請 ChatGPT 站在你的角度，用最嚴謹的方式分析合約中對你不利的條款，以及潛在的風險，並在最後給予對應的調整建議。
>
> 不過 AI 的答案也可能會有不全面的地方，重要合約還是向有法律專業的人做更深入的諮詢比較保險。

下面分享幾個常見的合約地雷：

1. 分潤條款

有些合作表面上說要一起賺錢，但你細看合約後才發現，開課前的拍攝、攝影棚、剪輯費用全都要你自己付。

等於說，你不但要自掏腰包，後續收入還要分給平台。這一輪搞下來，風險全在你身上，還不如自己親自開課、下廣告！

建議做法：

1. 確認好成本的分擔方式，最好由平台或合作方全額負擔，如果加上講師保底收益會更好。
2. 分潤比例要白紙黑字，越細越好，避免後續糾紛。

II. 著作權、使用權條款

這點要超級小心！很多合約會模糊授權的範圍和期限，甚至直接寫「你製作的內容，平台有永久使用權」，以及「未來你要用這些內容時，都必須經過平台同意」。

這種合約簽下去就跟賣身契差不多，未來想要轉型、做新內容，或跟其他平台合作時都會被限制住！

建議做法：

1. 堅持只給對方「有限的銷售權」或「特定時間內的獨家授權」。
2. 授權範圍要明確，例如僅限於在某個平台的指定情境下使用；授權期限也要寫清楚，例如兩年或三年，避免掉進「永久授權」的陷阱。

> 有些如日中天的明星會突然消聲匿跡，通常就是因為過去簽了不平等條款，由於不聽公司的話而被雪藏。

III. 付款方式與時程

你可能覺得分潤、報價談好就沒事了，但如果對方遲遲不付款，你可能連哭都來不及。務必要在合約中寫清楚付款的條件、時間、次數。

建議做法：

1. 明訂付款條件（ex：課程上架、專案驗收完畢）、付款時間（ex：每半年結算一次、專案交付後 7 天內）、付款方式（ex：分期、一次付清）。
2. 如果對方沒寫清楚，一定要請他們補上，不要客氣！

IV. 提前解約條款

這是防止最糟狀況的「後路」，不管你一開始有多信任合作方，總可能出現意外狀況。合約一定要寫清楚雙方如何提前解約、解約條件，以及相關賠償責任。

建議做法：

1. 合約要有明確的提前解約條件，包含需提前多久通知、解約後責任如何分攤等等。
2. 如果沒有提前解約條款，務必主動提出增加這個條款，避免將來後悔都來不及。

簽合約要以保護自己為前提，看不懂的條款要調整成雙方都能理解的文字，有疑慮的條款一定要提出來討論。千萬不要客氣，**因為一旦簽了，就真的很難翻盤。**

這些條款都是我的血淚經驗，希望可以幫大家避開雷區，爭取權益！

14-4 任何建立於平台上的成就，都可能隨時被收回

你過去以為的日常，都可能在一瞬間被毀滅。

2024 年 12 月 17 日，我一如往常的點進部落格，但這次畫面有個不祥的紅色警告：「Your account was found in violation of the Medium Rules. Learn more about reasons for suspension.」

▲ 圖 14-3　Medium 部落格被停權

此時我心頭一緊，連忙改用無痕模式瀏覽，結果網頁顯示一個大大的「410」錯誤代碼，訊息顯示「此帳號目前違規停權中，或是正進行調查。」

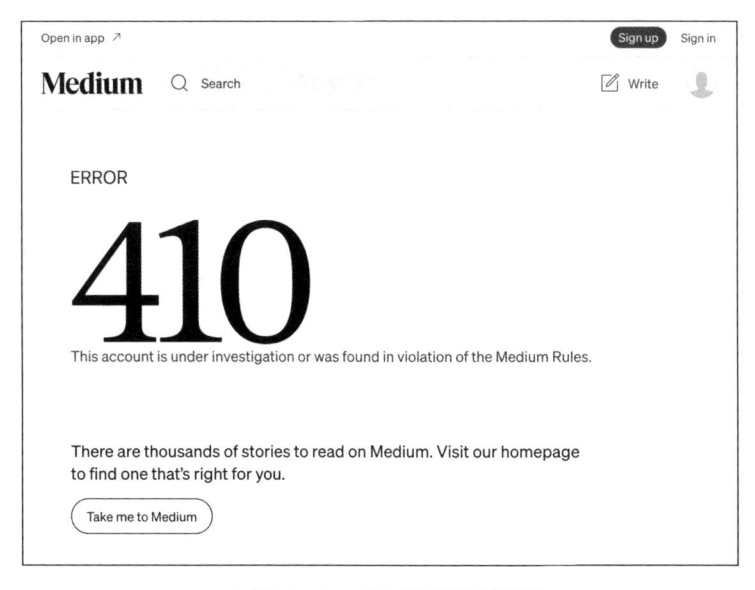

▲ 圖 14-4　410 錯誤無法瀏覽

14-15

被停權後，我立刻查看 Medium 的發文規則，反覆確認是否有違規。並上網搜尋「Medium 帳號停權」的資訊，結果發現有不少人遇到類似狀況。

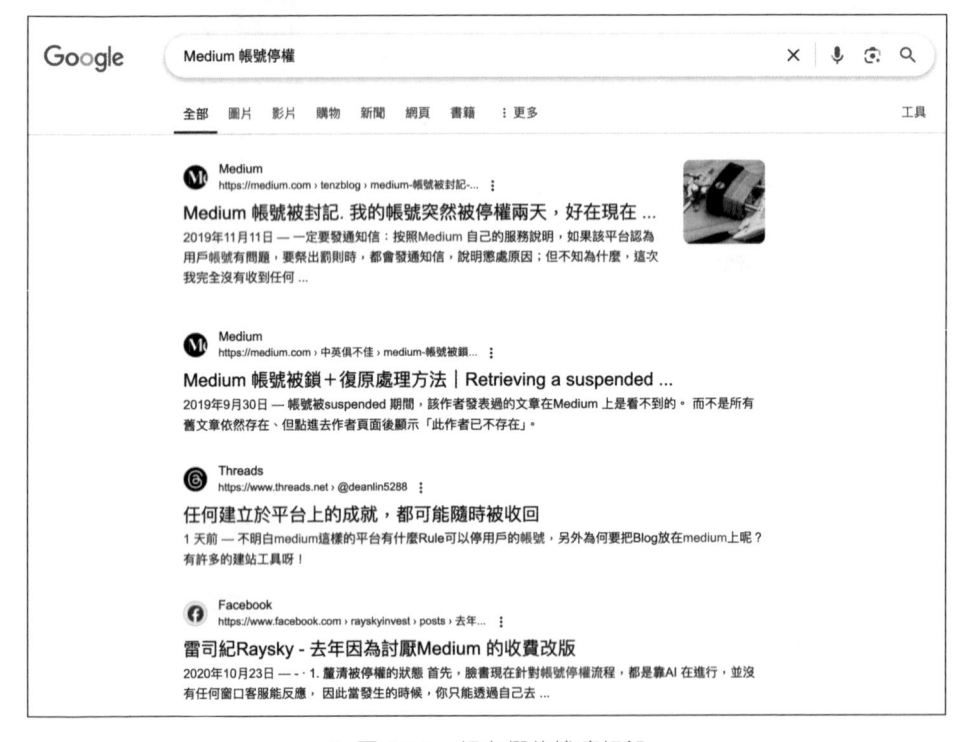

▲ 圖 14-5　網友們的慘痛紀錄

不過大部分的人在申訴後都有成功要回帳號，這些前輩的經驗讓我稍微放下心中的大石。

接著我打開 ChatGPT，請他寫一封懇切的申訴信，在確認內容符合我要表達的想法後，就直接寄給 Medium 了。

> Subject: Appeal for Account Suspension – Request for Review
>
> Dear Medium Support Team,
>
> I hope this message finds you well. I recently received a notification stating:
>
> *"Your account was found in violation of the Medium Rules. Learn more about reasons for suspension."*
>
> However, I strongly believe that I have not violated any of Medium's guidelines. My account has been a space where I share original, thoughtful, and constructive content. I take pride in adhering to Medium's rules and policies, as I value the integrity and quality of the platform.
>
> I kindly request a review of my account suspension. If there was any unintentional misunderstanding or oversight on my part, I would greatly appreciate clarification so I can address it promptly. Please let me know if there are specific areas in question that need my attention.
>
> Medium is an essential platform for me to share my insights and connect with readers, and I am committed to maintaining compliance with all community standards. I sincerely hope this matter can be resolved soon.
>
> Thank you for taking the time to review my appeal. I look forward to your response and any further guidance.
>
> Best regards,
> [Your Full Name]
> [Your Medium Account Username or Profile Link]

▲ 圖 14-6　請 ChatGPT 寫申訴信

這次經驗讓我深刻的體會到:「**平台上的成就並非真正屬於你。**」不管是被檢舉,還是被演算法誤判;如果帳號救不回來,那一切都會歸零。

粉絲歸零、流量歸零、SEO 歸零。

如果你的收入來源就是依靠社群流量,那可能連吃飯都成問題。

你能掌控自己,卻無法控制平台。

有些平台寧可錯殺 100,也不願放過一個。過去我的文章就常常被 Meta 莫名刪除,但沒想到這次 Medium 帳號會被直接停權。

14-17

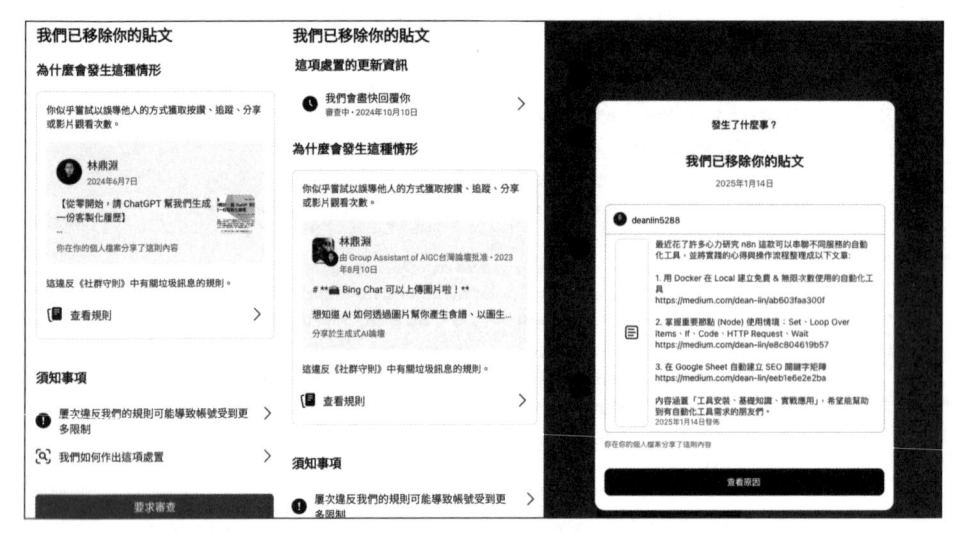

▲ 圖 14-7　我過去被 Meta 刪除超過 20 篇文章

原本我只是想找個平台分享經驗，覺得架站要自己研究、維護很麻煩。但沒想到命運最終還是逼我走到了這一步。

停權這種事，遇到前都是別人的故事，直到自己親身體驗。

而自架站就像保險一樣，遇到意外時才知道他的重要性；如果打算長久經營自媒體，這是一條繞不過去的路。平台，終究只能把他當成溝通的橋樑。

但⋯幸好這次只是一場惡夢。我在隔天收到官方回覆，是系統把內容誤判成 Spam，目前已經協助我恢復帳號。

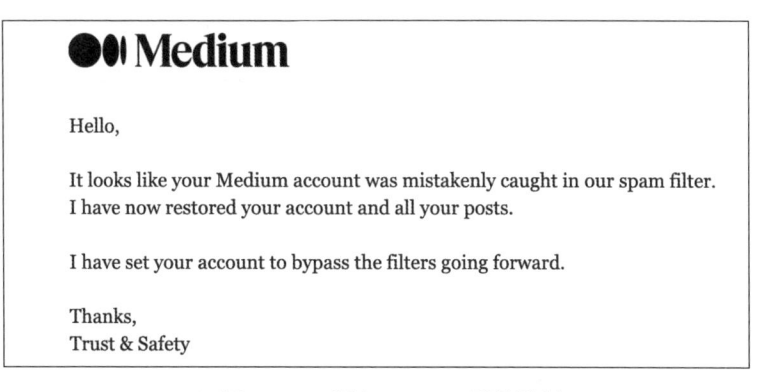

▲ 圖 14-8　我被 Medium 系統誤判

從結局來看只是惡夢一場，但有一就有二，誰知道日後會不會發生相同的狀況。而且這次停權似乎降低了我部分文章的權重（SEO 排名下降）。

不過**我很慶幸能遇到這麼驚悚的事，否則我不會下定決心去研究與執行架站的事宜**（但 Medium 對新手來說，依舊是個很棒的平台），並在一個月後完成了自架站，網址：https://deanlin.net/

▲ 圖 14-9　自架站網址：https://deanlin.net/

14-19

既然談到了部落格被停權的話題，這邊也補充一下發表在社群平台的文章，如果被刪會有什麼後果。儘管沒寫過幾篇爆文，但文章被 Meta 移除這件事我還算是挺有經驗的（無奈）。

我發現自己被刪除的貼文都有一個共通點：「貼文放連結。」

同時也有一個副作用：「流量暴跌（觸及人數低於 200）」

我知道有些創作者在貼文放連結也沒事，但如果你不幸被 Meta 盯上，帳號很可能被「記上一筆」，導致觸及率長期低迷。

如果真的想放連結，就貼到留言吧（更保險就是用另一個帳號來留言）。你可以在文末放引導語，比如：「想了解更多？留言區有完整資訊！」

也許看到的人沒那麼多，但總比整篇文章被刪除好。限流的這把大刀這次砍到我，難保下一個不會是你。

14-5 結語：把失敗視為成長的養分

你不用很厲害再開始，你要先開始才會很厲害。

跟過去遇到意外就會抑鬱好幾天的自己相比，現在即使累積百萬流量的部落格被停權，我都還能跟朋友開玩笑自嘲。

感謝一路走來遇到的不順遂，這才鍛鍊出自己心智的「肌肉」；儘管遇到意外時心情還是會受影響，但只要改善這些弱點，過往經驗都會成為我的人生故事。

最後跟大家分享一段話：「昨天的大事，今天的小事，明天的故事。」

雖然⋯我真的不想經歷這麼多事。

永遠有自己不會的事，但錯誤不能犯第二次 14

NOTE

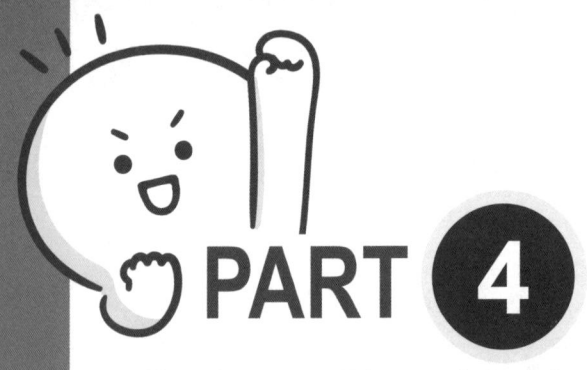

PART 4
健康,是一切的基礎

過去為了超越自己,我肆無忌憚地拿健康的身體,來當發展事業的燃料。

但過了 30 歲後,我發覺身體逐漸跟不上自己的意志,失眠、憂鬱、焦慮長期困擾著我。

就算想做到更多,也心有餘而力不足,這使得我不得不直視「健康」的問題。

只是沒想到就連追求健康的路上,也充滿命運給我的考驗。

Ch15　當失眠、憂鬱、焦慮成為日常
放下,是最難學會的人生課題;但有健康的身心靈,未來才有更多的可能性。

Ch16　除非有明確的目標,否則「自律」並不會幫你成長
持續做一件事並不會讓你變強,停留於表面的自律,只不過是在浪費時間。

Ch17　用盡全力卻跌得更重?「失敗、意外」才是人生的常態
如果說「努力」是成功的必要條件,那「意外與失敗」就是這條路的常態。

Ch18　無知,是浪費生命的源頭
無知並不可恥,可怕的是不懂裝懂。有基礎知識,才具備「判斷、溝通」的能力。

Ch19　當結局注定失敗,我是靠什麼堅持下去的?
放棄有一千條理由,堅持卻只需要一個;盡全力後沒有遺憾,才對得起自己。

CHAPTER 15

當失眠、憂鬱、焦慮成為日常

> 有些人的生活看起來充滿快樂的事,也許不是因為生命中沒有苦難;
> 而是在兩者間他選擇了那些更美好的事物與別人分享。

回顧 2023 一整年,我的平均工時為「12 小時」,這是包含例假日的「每天」,這段時間我以維持生命跡象為原則,把突破舒適圈當成日常。

如果把他想像成加班的話,就是「連續一年,每個月加班 180 小時」,而且這是在「超高壓」的狀態下進行的。

上一篇文章我分享了很多經營自媒體時遇到的「意外」,經營自媒體跟去公司上班最大的不同,就在於出包時你要扛起全部責任,而且過去的努力可能隨時毀於一旦,心態上就跟自己創業當老闆一樣。

儘管我對寫作、講課、自我成長有超乎常人的熱情與執著,但經歷了一整年的過勞後,我理解到:「不管你對一件事物有多麼熱愛,一旦超量了,都會變成毒藥。」

筆者真心話

其實,我很懷念當年那個並不強大,但很開心的自己。

想去哪裡玩,都可以說走就走;下班能放鬆做自己想做的事。

但此時的我,因為無法捨去過去努力帶來的光環,所以活得非常病態,生活就像被自媒體綁架一樣。

15-1 高效的背後，往往伴隨著過勞

某次校園演講的 QA 時間，有個老師舉手發問：「你斜槓這麼多領域，是如何平衡工作與生活的？」

我苦笑著回答：「其實這幾年下來，我幾乎沒有好好休息過，所以失眠、憂鬱、焦慮長期困擾著我。儘管從表面看起來，我擁有超乎常人的效率，但背後是以透支自己的身體為代價。」

我們常常說**物以類聚**，筆者也認識不少擁有「高效率」的自媒體經營者、老闆，儘管我們靠各種工具提升了效率，但內心就像緊繃的弦，從未真正放鬆過。

這背後是人性無止境的追求 ── **當我們透過工具節省了時間，就會想用這些多出來的時間做更多的事。**

> 擁有，才會失去；一旦擁有，你又會渴望更多。

這是一個自媒體、公司的正向循環，但卻是身體與精神的惡性循環；因為當效率提升，就代表你需要做出更多決策、承擔更大責任。

因此這些多出來的時間，反而被更深層的焦慮與更沉重的疲憊填滿。

> 有個原本過瘦的朋友，自從當了老闆後，我就再也沒有跟他約過了；不是因為他發達了就忘記朋友，而是他忙到連通勤時間都在趕給客戶的簡報。
>
> 創業兩年，他搞定上百個案子的同時，也胖了近 30 公斤，每天平均睡不到 4 小時。從事業面來看，他非常成功，一年營業額幾千萬，但我擔心他的身體能不能撐到 40 歲。
>
> 除了這位朋友外，也有位原本「千杯不醉」的朋友，因為想把自媒體做大，而辭職成立工作室。但創業一年後，他現在已經變成了「一杯就倒」，因為在自負盈虧的高壓環境下，他的健康早已亮起紅燈。

- 工程師下班有約：企業內訓講師帶你認清職涯真相！

> **行銷廣告通常只會呈現部分事實**
>
> 有些課程會宣傳講師在有正職的狀態下，還能輕鬆的把副業經營得有聲有色，一切都是因為他使用了「XXX 工具」與「YYY 心法」。
>
> 每次看到這類廣告，我都抱持懷疑態度。因為在有正職的狀態下能兼顧副業，不是像筆者一樣拼命爆肝，就是正職工作超輕鬆，能在上班時間偷偷經營副業。
>
> 「XXX 工具」與「YYY 心法」或許有些幫助，但通常只是輔助角色。如果你相信這些行銷廣告，就像相信以前考一百分的同學説自己沒讀書一樣。

15-2 該睡覺了，但身體很累，腦袋停不下來

我在 2023 年獲得的里程碑，就算平攤到 10 年也算是不錯的成果；但如果把它壓縮到 1 年內，代價就是燃燒生命了。

因為有本職工作，所以我都是利用下班時間寫書、備課，幾乎每天都忙到凌晨才能休息。

但上床不代表能順利睡著，不管當天有多累，只要大腦上一刻還在瘋狂運轉，我就無法輕易入睡；甚至躺上床後反而靈感爆棚，那些白天、睡前卡住的問題，往往在剛有睡意的那一刻蜂擁而至。

這導致我不得不爬起來做筆記或錄音，畢竟靈感稍縱即逝。雖然獲得靈感很開心，但把想法記錄下來後，原本累積的睡意也隨之煙消雲散。

隔天被鬧鐘叫醒時，我的眼睛總是佈滿血絲，儘管非常疲憊但還是告訴自己：「**再撐一下！未來的我一定會感謝今天的努力。**」然後從冰箱拿起能量飲

料一飲而盡,用冰涼的氣泡與超標的咖啡因來強制開機,讓自己有精神面對晚點的正職工作。

但結束一天的忙碌後,我又再次陷入失眠的泥沼,儘管試過各種能幫助睡眠的方法:跑步、重訓、瑜珈、伸展、按摩、褪黑激素、貼耳穴…

但…幾乎沒有任何用處,最後我通常是靠一杯威士忌逼自己的大腦放鬆,**儘管知道喝酒對身體不好,但失眠更痛苦。**

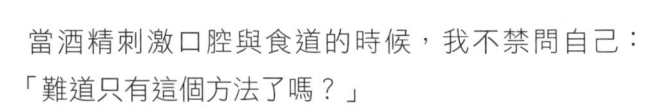

當酒精刺激口腔與食道的時候,我不禁問自己:「難道只有這個方法了嗎?」

> **筆者心裡話**
>
> 對自己要求越嚴苛的人,往往會用更極端的手段逼自己;**但自律帶來焦慮,焦慮帶來失眠,失眠帶來憂鬱。**
>
> 不管失眠、焦慮還是憂鬱,這三者都會讓人耐心降低、得失心放大、講話帶有攻擊性。
>
> 而最終受到傷害的,往往只有自己與身邊最親近的人。

15-3 捨不得放手,只會讓自己更疲憊

其實我自己很清楚治療失眠與焦慮的方法,那就是「不要貪心」。

但當時內心卻有一股執念,每當想放下一切休息時,他就對我說:「你很清楚眼前這些機會有多麼難得,你甘心放棄過去辛苦累積的成果嗎?」

因為當時選擇的賽道是「AI」,這是一個日新月異的主題;因此我很清楚只要稍微放慢節奏,過去努力積累的優勢,很快就會被後來者超越。

有位自媒體經營很成功的 KOL 分享過一句話：「你越成功，就越難放手。」因為害怕失去的恐懼，會在心裡形成一種強烈的相對剝奪感。

這種感覺會不斷告訴你：「**如果現在放下，別人將輕易取代你的位置，曾經擁有的一切將不再屬於你。**」當年我明明身體已經發出警訊了，卻還是被這樣的想法牢牢困住。

也許你曾經聽過這段話：「只要建立一套賺錢系統，就能永久獲利、享受人生。」但這只是個謊言，只要系統被市場證明有效，立刻就會有人跟你做一樣的事來瓜分市場，你需要不斷進步才能維持自己的競爭力。

> 這邊拿「線上課程」來舉例，儘管線上課程推出後就可以一直販售，但其實 9 成以上的營收都來自於「有打廣告的前兩個月」。
>
> 如果同行看到你的課程銷量不錯，馬上就會開一個類似的主題來競爭；假使沒有持續在社群上發表新觀點，你很快就會過氣了。

這也是為什麼經營自媒體很累的原因，在注意力缺乏的時代下，你只要消失一段時間，就會被世界遺忘。

但人的能量是有極限的，一堂課、一本書、一個產品，往往就耗盡了創作者過去積累的知識；如果你發現有些網紅的作品越來越無聊、沒有新意，其實就是知識的輸入跟不上輸出，但又逼自己要定時發表作品的結果。

15-4 結語：放下，是最難學會的人生課題

現在回頭看當年的自己，才明白當時透支身體的努力，其實就是拿未來的健康換取眼前的成就。

你問我會不會後悔？老實說，我不後悔。因為有些事，現在不拼一把，以後可能再也沒機會了。

如果你能覺察出環境中的機會，在對的時間做對的事，就能獲得努力也無法取得的成果。像這次有把握住 AI 潮流的人，都已經吃到一波時代紅利了。

> 儘管 AI 降低了各行各業的門檻，但大家仔細觀察就會發現，在這段時間賺到錢的，往往都是那些在專業領域已經有所成就的人。

儘管非常不捨，但經歷一年的失眠、憂鬱、焦慮後，我也知道，**自己不可能把握住生命中的每個機緣。**

有時候放下一點執念，才是最重要的智慧；不過說起來容易，做起來卻很難。

最煎熬的地方，就在於明明知道自己應該停下來休息，但心裡卻又捨不得那些辛苦累積的成果。

> 這段話之所以在這篇文章中反覆出現，就是因為放下真的很難。

但我現在已經放下了，畢竟人生還很長。活著，就還有機會；走了，再多機會都不屬於你。

當壓力超出自己的負荷範圍時，不要忘記，你永遠有選擇的權利。

每個人的人生都是自己選擇而來的，這篇文章也只是分享我的心路歷程。希望大家讀完後記住這段話：「不管人生還是自媒體，都不是一局定勝負的遊戲；但健康的身體，是最基礎的參賽條件。」

後面的章節，也證明了當身體出狀況時，就算你不想，也只有乖乖休息這個選項。

NOTE

CHAPTER 16

> 除非有明確的目標,否則「自律」並不會幫你成長

> 什麼叫瘋子，就是重複做同樣的事情還期待會出現不同的結果。
>
> ── 愛因斯坦

在 2023 年，我經歷了一整年的失眠、憂鬱與焦慮後（詳情請參考上一篇文章），我在 2024 年拒絕了大多數的合作邀約，想重新找回人生的重心與平衡。

因此我把「回歸理想的身體狀態」設為首要目標，希望透過身體的強大，來帶動心理狀態的轉變與修復。

雖然前面文章沒提到，但其實我已經維持健身習慣超過三年。從 2020 年開始，每週運動 2～3 次，每次約 1.5 小時。

如果不是因為持續運動，我在 2023 全力以赴的那一年，可沒這麼多本錢可以燒。

但每當跟朋友聊天談到自己有健身習慣時，對方總是露出疑惑的表情，像是說：「蛤 😲 你有在健身喔 🤨」

在氣氛逐漸尷尬前，我會連忙補一句：「我是練健康的啦～」

16-1 持續做一件事並不會讓你變強

很多人覺得只要持續做某件事，就能成為該領域的專家。

但其實這就是個笑話，像我健身半年後，訓練用的重量就沒有繼續往上提升了（真的是在練健康）。

而接下來的 2 年多，儘管有維持上健身房的頻率，不過完全沒有任何進步。

儘管上面的故事聽起來很荒唐，但如果用工作來比喻就會很有感觸了。

環顧一下周遭，我們身旁有多少人工作了 10 幾 20 年，能力卻跟剛入行 1 年的新人差不多？

這是因為他們大概工作 1 年就停止成長了，接下來只是重複做自己熟悉的事情罷了。

就像我花了半年熟悉健身的基礎動作後，接下來的 2 年沒有繼續突破重量一樣。

> **筆者碎碎念**
>
> 有些勵志語錄會說：「每個人都有自己的時區。」
>
> 但這句話對那些用「養老」心態過日子的人來說，不過就是個安慰劑，他們只是在過一眼就望到盡頭的人生。

我也想用「易胖體質、不容易長肌肉」來當藉口。

但在看到同期報名的阿伯都可以引體向上後，我就清楚地意識到：「**也許人與人之間存在天賦上的差距，但沒有成長絕對是自己的問題。**」

兩年前，阿伯只能在單槓上晃來晃去。

兩年後，阿伯已經可以連續做 10 下引體向上了。

為什麼會記得這個阿伯？因為我幾乎「每次」進健身房都會看到他，而且他都會練到表情猙獰、精疲力竭後才離場。

文章寫到這邊，不禁讓我想到一句話：「**大部分人的努力程度之低，根本輪不到拚天賦。**」

16-2 停留於表面的自律,只不過是在浪費時間

剛開始健身的時候,每次練完,隔天都感覺像是全身被痛毆一頓;如果是練腿日,結束後連走路都站不穩。

但隨著身體逐漸適應,這種痛苦的感覺也已經成為遙遠的回憶。

其實,做任何事情有沒有全力以赴,自己內心都很清楚。也許你跟我一樣,曾經「持續」做著某件事,卻同時知道自己並沒有真正用心:

- 例行打卡上健身房,但只選熟悉的重量訓練,沒有把自己逼到極限。
- 每週寫一篇部落格,只是為了定期更新,而不是分享學到的新知識。
- 每天跟線上英文家教練習 30 分鐘的口說,但總是用差不多的單字、句子來混時間。

這些行為表面上看起來很「自律」,但實際上是一直在做沒有挑戰性的事情。

待在舒適圈不可怕,可怕的是,你沒有意識到自己在「假裝自律」,還把沒有成長怪在天賦不足上面。

武術巨星 李小龍曾說過:「我不害怕曾經練過一萬種踢法的人,但我害怕一種踢法練過一萬次的人。」

筆者認為這句話並不是要你一直做重複的事,而是告訴我們在面對目標時,要有「超乎常人的專注,且持續追求卓越!」

如果只是抱持「有做就好」的心態,最終會形成惰性,在任何領域都不可能有所成就。

既然時間都已經花下去了,為什麼不訂一個「想要達成的具體目標」,並想辦法挑戰他呢?

> 雖然這篇文章以運動舉例，但工作與職涯也是一樣的道理。

過去筆者因為缺乏明確目標，導致健身三年依舊平庸；甚至 2023 年因為壓力大而暴飲暴食，體脂率在一年內上升 7%，到達 23.3% 的人生高峰。

16-3 結語：明確的目標＋外在壓力，才能讓自律看到成果

為了驗證「用對方法」的重要性，我決定做出改變：

1. **設定明確目標**：在「半年內」將體脂從 23.3% 降到 16%。

   - 目標不要只有「我想變強」這種模糊的概念；一定要把目標**具體量化**，並設下**明確期限**。
   - 目標要具有「可執行性」，如果訂一個根本不可能達成的目標，那會讓人喪失執行的動力，或是劍走偏鋒。
   - 如果目標的執行週期較長，建議將「**大目標拆成小目標**」來持續追蹤。以我來說就是 2 週量一次體脂，這樣每完成一個里程碑就會獲得成就感，如果沒達標也可以即時檢討執行策略。

2. **引入外在壓力**：當時我在 FB 發了篇「祭品文」，公開宣告體脂每多 1%，就請一個人吃大餐。

   - 這是給心理層面帶來壓力的技巧，因為把目標昭告天下後，想放棄自己都會覺得丟臉；**沒有退路，才能一往無前**。
   - 當朋友在知道你的目標後，聊天時也常常會談到這個話題，讓你更不敢懈怠。

> ⚠️ 注意！這裡有一個特別的驚喜！⚠️
> 目標 🎯：在 2024年6月30日前，體脂率降至 16%（目前為 23%）。
> 如果沒達標 😅：體脂率每多 1%，就從留言中抽出 1 位朋友，我請你到台北饗食天堂吃飯（ex: 如果到時體脂為 19%，我就請 3 個人）。
> 如果我成功了 🏆：體脂率每低 1%，就從留言中抽出 1 位朋友，我請你到台北旭集吃飯（ex: 如果到時體脂為 12%，我就請 4 個人，但應該不可能 😅）。
> 相信沒幾個人會看到文章最後，所以留言的中獎率超高 👻
> #健身 #Workout #刻意練習
> #Deliberate_Practice
> #Self_Discipline

▲ 圖 16-1　當時在 FB 發的祭品文

3. **尋求專業指導**：我請教練幫我規劃課表，設定每個階段對應的目標。並請他在確保安全的前提下，盡可能讓我到達身體的極限。

- 花錢找專家、前輩諮詢是很划算的，因為他們就是未來的你，能看見你所看不到的盲點。
- 如果找人諮詢、指導，建議要「定期」而不是「一次性」，這樣才能確保自己始終走在正確的路上。

> **筆者碎碎念**
>
> 文章寫到這,不禁讓我想到馬雲說過的一句話:「晚上想想千條路,早上起來走原路。」
>
> 做計畫並不難,難的是貫策始終。**克服惰性最好的辦法,就是讓自己放棄時會失去更多。**
>
> 以降體脂這個目標舉例,假使我中途放棄,看過祭品文的人就算表面不說,背後可能也會嘲笑我;另外健身的教練費都付了,如果不定期報到,那豈不是把錢丟水裡?
>
> 這些外在壓力,都能成為我持續前進的動力。

NOTE

CHAPTER 17

用盡全力
卻跌得更重?
「失敗、意外」
才是人生的常態

• 工程師下班有約：企業內訓講師帶你認清職涯真相！

> 無論多努力，只要一次失敗，
> 就足以讓過去的積累「歸零」。

看完上一篇文章，你是不是滿懷希望，覺得只要「用對方法」人人都可以成功？

但很抱歉，這篇文章我就是寫來打自己臉的；**如果說「努力」是成功的必要條件，那「意外與失敗」就是這條路的常態。**

我很討厭「心靈雞湯」式的勵志，畢竟，成功的模式難以複製，失敗的經歷卻更可能在你我身上上演。

而且越努力的人，越容易失敗；不是因為運氣不好，而是因為他一直待在舒適圈外，嘗試原本不熟悉的領域。

就像我在「Ch14 永遠有自己不會的事，但錯誤不能犯第二次」分享自己經營自媒體的經歷一樣，踏出舒適圈後，迎接你的往往是「意外」。

17-1 認真健身 1 個多月後，我覺得自己一定能辦到

與教練溝通完我的訓練目標後，我一週進健身房 3~5 次，並搭配有氧與飲食控制。

按照教練課表認真執行 1 個多月後，我的體脂從 23.3% 降到了 19%。

當時我心想：「這把穩了！只差 3% 就能達標，時間還剩 4 個月，根本綽綽有餘！」

想著不久後即將擁有的精壯身材與六塊腹肌，我開始在網路上查可以去哪間攝影棚記錄自己的「巔峰時刻」。

17-2 請健身教練，不代表沒有受傷風險

正當得意的時候，意外發生了。

在 2024/03/07 教練課練硬舉時，我發現腰的狀況不太對勁，做完一組下背就非常緊繃。

反應狀況後，教練說應該是因為我的核心不夠穩定，上半身與臀部不夠協調所導致；為了達到訓練目標，我咬著牙又再做了 3 組。

可能因為運動時身體比較暖和、腎上腺素足夠，所以做完後儘管腰有點緊，但還可以繼續練其他動作。

不過在教練課結束一小時、身體完全冷卻後，我發現這次的腰痛似乎有點嚴重，因為我光是從椅子上站起來都有點吃力；但健身難免有肌肉酸痛，所以我以為睡一覺醒來就沒事了。

結果隔天清晨，我被腰部的劇烈疼痛喚醒，然後驚恐的發現：「我居然做不到翻身的動作。」

接著嘗試挪動身體，結果每個輕微的動作都讓我痛到冷汗直流，光是坐到床沿就花了十多分鐘。

當雙腳踩到地板準備站起時，一股麻感從腳趾傳到腰椎，因此我馬上停止移動，深怕任何一個動作導致病情惡化。

接著拿起手機打開 Google，輸入「硬舉 腰痛」，看了幾篇文章後，發現這應該是「腰部代償」所導致。

但查得更深後，發現硬舉如果發力不當可能會導致「椎間盤突出」，接著查到一則新聞「韓國留學生硬舉 90 公斤椎間盤破裂」，看到文章標題與後遺症後（ex: 肌肉萎縮、大小便失禁、癱瘓），我瞬間覺得人生變成黑白的。

在情緒非常負面時，人只會吸收負面資訊（像是隨便一點小毛病只要 Google 一律都是絕症），所以看越多只會讓心情越糟。

這邊也提醒讀者，不要上網自己當醫生或找民間偏方，以防延誤就醫。

當時我真的很擔心以後再也無法正常走路，但好險緩了半小時後，已經勉強能扶著牆壁起身（現在回想起來，叫救護車會安全一點）。

17-3 當不安變成現實

因為看到許多人健身受傷後，會尋求復健科協助，所以我就找了一家 Google 評分 4.7 的復健診所。

在經過復健科醫生一連串的動作引導後，他判斷我是「椎間盤突出」；聽到這個消息後，我覺得自己的腰更痛了。

接著他說這個病可以選擇健保給付的電療、熱敷來緩慢恢復，**或透過注射 PRP 來積極治療**。

並強調 PRP 在半年內對治療有相當大的幫助，可以讓運動員受傷後盡可能恢復到原本的水平。**這一針價格 1.5~3 萬台幣**，如果有意願，今天就可以安排。

聽完復健科醫生的建議，我覺得如果能用錢換取恢復速度是可以接受的，但因為是在教練課時受傷，所以我認為這筆錢應該要由健身房負擔。

17-4 到醫院拍完 X 光片後，診斷又不一樣了

致電給健身房說明病情後，教練詢問我是否拍過 X 光片。

為了確認症狀屬實，我下午就到大醫院掛腦神經外科。

進入診間後，我向醫生報告復健科醫生診斷我為「椎間盤突出」。

接著醫生讓我躺到床上用「抬腿檢測法」，做不同角度的活動度測試，然後表情困惑的說：「恩…先去拍個 X 光片好了。」

拍完 X 光片後，醫生指著圖對我說：「根本沒有椎間盤突出，是誰在亂說？你只是拉傷而已，定時服藥 1~2 週就好的差不多了～」

知道只是拉傷的那瞬間，我整個人鬆了一口氣，卻也陷入混亂：「為何兩位醫生的診斷差這麼多？」

17-5 把文章發表到社群後，反轉再反轉

為了給有在運動的人一些警惕，讓大家知道遇到狀況時有哪些處理方式，我把這篇文章 PO 到社群。

結果沒想到反應極其熱烈，網友的回覆補足了許多我不知道的醫學知識，像是 X 光看不出椎間盤，只能看到骨頭排列。

所以隔天我又再去大醫院的復健科看診，並簡述前兩次診斷的結果，以及網友提及要注意的事項。

醫生聽完後，開始全面性的測試我的活動度、痠痛感，然後說：「**那個…你的麻感真的是因為椎間盤突出，你的痛感是因為椎間盤突出後，肌肉為了保護他而變得非常緊繃，但你後面又繼續運動才導致拉傷。**」

聽完診斷後我詢問他：「這個可以照 MRI (核磁共振) 來確認嗎？聽說靠 X 光看不出來。」

醫生回答：「其實 X 光看到的骨頭排列，就大概能做出判斷了，因為骨頭間的縫隙是有邏輯的，像你這一節就不符合邏輯，再結合你的麻感、活動度，基本上就是椎間盤突出無誤。另外，一般來說會照 MRI 的人，通常是推著輪椅進來的。」

確診後我非常擔心，所以接著詢問：「這需要 PRP 注射治療嗎？」

醫生回答：「雖然有椎間盤突出與拉傷，但並不嚴重，吃消炎藥與肌肉鬆弛劑，並搭配復健，通常 2~4 週就會康復，接下來就可以運動了，你應該不需要用到 PRP。」

因為故事峰迴路轉，下面總結 3 位醫生的診斷：

- 第 1 位診所復健科醫師 → 判定為椎間盤突出，建議使用 PRP 治療。
- 第 2 位大醫院腦神經外科醫師 → 認為這只是拉傷。
- 第 3 位大醫院復健科醫師 → 診斷為拉傷 + 椎間盤突出，但無需手術，也不需要使用 PRP 治療。

> **小提醒**
>
> 在復健、服用藥物後，若發現病情沒有改善甚至狀況惡化，一定要及時反應；另外定期回診是很重要的，千萬不要怕麻煩。

17-6 結語：尊重專業，但並不是每個人都具備專業

想透過這個故事告訴大家，**無論多努力，只要一次的失敗就足以讓過去的積累「歸零」**；這次是我的運氣好，沒有受到不可逆的嚴重傷害，但能給我們一些提醒與警示：

1. **有健康的身體，才能超越自己**

   - 如果某個動作做兩三下就感受到骨頭在摩擦，腰椎在哀嚎，**很有可能這個動作你做錯了，或者不適合你**。
   - 要留意身體發出的警訊，**千萬不要相信越痛越有效**，如果跟我一樣造成運動傷害就得不償失了。

2. **一套方法未必適用於所有人**

   - 以健身來說，每個人的活動度差異極大，**如果教練都使用同一套教材，那肯定會有人無法承受**。
   - 這道理放到其他領域也是一樣，不要因為別人能做到，就認為自己也能做到，**每個人的先天條件是不同的！**

3. **即使專業如醫生也可能誤診**

   - 不同醫師可能因檢查方式、經驗差異而得出迥異的結論，畢竟醫生實際分配給每個病患的時間也就短短幾分鐘。
   - 但如果你能將自己遇到的狀況描述清楚，有更高機率得到完善的檢查，**溝通表達能力在任何一個情境都非常重要**。

如果前一篇文章讓你看見「訂目標、用對方法」的重要性，那麼這一篇就是在提醒你：「即使方法正確、準備充分，也會有意想不到的突發狀況。」

打順風仗人人都會，如果想知道一個人是否真心想完成某件事，要看他遇到「逆境」時做了哪些事才準。

用心良苦 卻成空

CHAPTER 18

> 無知，才是浪費生命的源頭

生命中最貴的學費，是無知與輕忽。

在腰受傷後，別說運動了，我連基本的生活能力都大幅下降。

我從來沒想過有一天自己會無法彎腰，更沒有想到穿褲子、穿襪子是一件這麼痛苦的事情。

因為復健的過程非常無聊，剛好讓我可以靜下來思考為什麼會走到今天這一步？

我做錯了什麼；以及，我做對了什麼。

18-1 身體是自己的，出問題沒人能替你分擔

無論做任何運動，當身體發出警訊時（ex：關節卡卡、腰椎哀嚎），一定要馬上停止動作。不要以為挺過痛苦就能變強，否則你可能跟我一樣踏上復健之路。

如果上教練課時發現某些動作怪怪的，一定要立刻說出自己不舒服的位置，並做對應的處置（ex：拉伸、放鬆、冰敷、就醫）。

假使無視痛楚繼續運動，很可能對患處造成二次傷害，甚至造成不可逆的後果。

市場上有些教練並不會因材施教，而是用自己訓練的經驗來指導你；但**每個人的天賦不同，適合他的未必適合你（柔軟度不同、骨架差異）。**

同樣的訓練量，有天賦的人能成為職業選手，而天賦不足的人可能止步於業餘，凡事量力而為。

18-2 少了健康的身體，連執行計畫的本錢的沒有

我原本的目標是獲得健康，但沒想到計畫才執行兩個月，我報到的場所就從健身房變成了復健科。

確診椎間盤突出後，除了必須暫停運動外，最困擾我的就是無法久坐與彎腰。

建議大家運動時，**身體健康第一，運動表現第二，否則受傷後連本職工作都會受到影響**。

像這次受傷的休養期間，我推掉了所有講座邀約，因為只要坐在位子上超過半小時，腰就會異常痠痛，且身體無法支撐我搭乘長途的交通工具。

18-3 錢非常重要，沒錢你連看病復健都要猶豫

受傷後我看了 4 次醫生，光看診與健保復健的費用就超過 3000 元。

如果想加速治療，一針 PRP 要價 15,000 ~ 30,000 元。假使有自費物理治療的需求，一次治療約 1500 ~ 3500 元不等。若要進一步做 MRI，一次檢查約 6,000 ~ 12,000 元。

金額浮動較大，僅供參考。

不談加速治療、自費物理治療的花費，我想光是看醫生花的 3000 元，可能都會對不少人造成負擔。

甚至有些人在受傷後為了省錢，心想：「反正只是有點痛，將就的撐著吧！」然後拖著拖著，小毛病就變成了老毛病。

這次受傷的治療費用，我前後花了大概 2 萬多，**錢不是萬能，但有錢在治療時才有選擇權。**

筆者碎碎念

經過協調後，這筆醫療費是由健身房的保險公司負擔。

有些人在遇到意外時，會選擇自己默默承受，但筆者建議要努力爭取。

不要讓內心的小劇場與預設立場，使你喪失應有的權益。

18-4 如果標題不吸引人，你連被看見的機會都沒有

為了提醒大家注意運動安全，並在意外發生時能做出更好的選擇。我將自己找教練造成運動傷害，找醫生遇到誤診的經歷，用「相信專業卻差點半身不遂」為標題分享到健身社團。

無知，是浪費生命的源頭 18

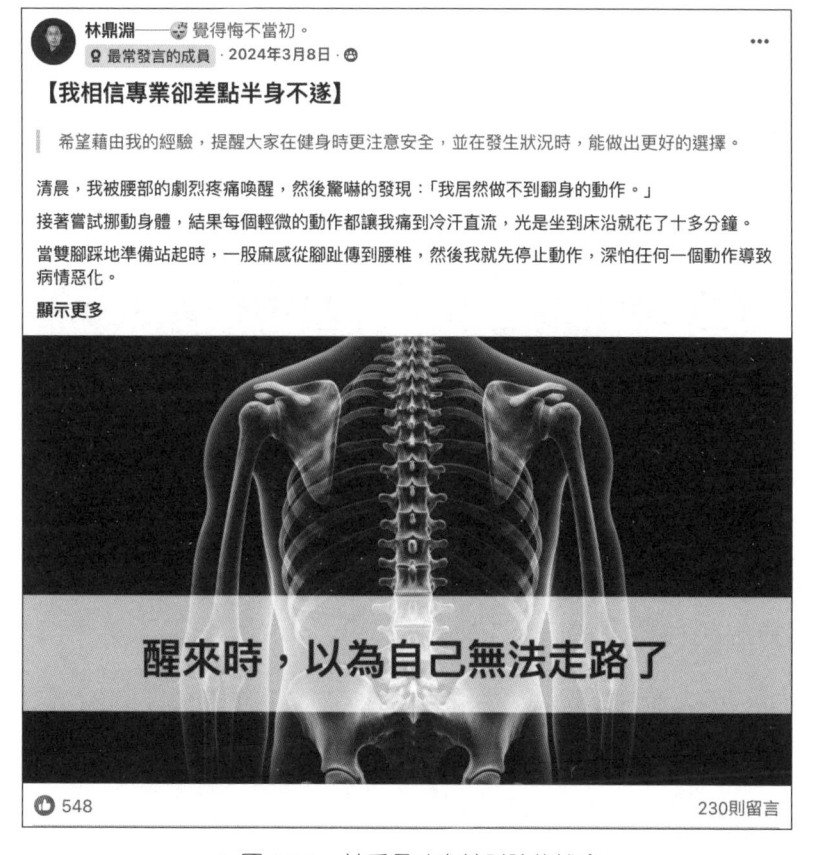

▲ 圖 18-1　被看見才有被討論的機會

這是一個平均讚數 50 的社團，但因為標題與搭配的圖片較為聳動；所以在短時間內獲得 500 多個讚、200 多條留言，同時引來不少謾罵與嘲諷。

但也遇到許多專業人士、同樣受過傷的人，分享他們的知識與經驗。

如果沒發文，我不會知道：

- 如果感受到麻感，很可能是神經受到壓迫。
- 椎間盤是軟組織，MRI 才能看到，X 光照不出來。
- 儘管 X 光照不出軟組織，但能透過骨頭排列與活動度來判斷是否有椎間盤突出。

雖然本意並非如此，但這個案例讓我體會到：「文章的內容很重要，但標題決定了讀者是否會點進文章。」

不管內容有多棒，只要標題不好，你連被看見、評論的機會都沒有。

18-5 無知並不可恥，可怕的是不懂裝懂

沒有人是全能的，但我們可以藉由他人經驗來拓展自己思路；我很慶幸當時有到健身社團發文，**如果沒發文，我連被醫生誤診都不知道。**

很多人都說要相信專業，但專業未必就是對的，我們自己也要做功課。

以描述病情舉例，「痛感」跟「麻感」是不一樣的，「腳有點麻」跟「左腳從大腿到拇指都在麻」是有很大差異的。

不過大部分的人並不具備描述病情的能力，而且醫生在病人很多的狀況下，也無法仔細的檢查，因此造成了誤診的可能性。

其實我一開始也不知道要怎麼描述，許多細節是在網友的提點下才知道的。因此在第 3、4 次就診時，我才能具體描述自己的病情、以及詢問關鍵的問題，這才獲得完善的檢查與詳細的醫療建議。

18-6 結語：有基礎知識，才具備「判斷、溝通」的能力

事後來看，造成我受傷的根本原因是「健身知識不足」，這間接導致我沒有能力判斷「教練品質」。

醫生誤診也是一樣，因為我「**描述病情的能力不足**」，導致醫生診斷的不夠全面。

面對陌生領域時，建議大家要先做一點功課，比如：

- **健身前**，先了解動作的安全性與常見的代償問題（ex：深蹲時膝蓋內夾、硬舉時腰椎過度伸展），避免無意間使用錯誤的姿勢導致慢性傷害。
- **就醫前**，先記錄疼痛發生的情境與具體的感受（ex：走路 10 分鐘後腰部開始痠痛，坐著時屁股麻木），這樣能幫助醫生判斷是哪條肌肉或神經受到影響，進而對症下藥。

這麼做不是要成為專家，而是讓專家可以更好的協助你。

主動學習知識並吸收他人經驗，才能避免未來浪費更多時間、金錢。

最後誠懇地跟大家說：「**錢，真的很重要，它能增加你抵抗風險的能力。**」

筆者碎碎念

想趁這個機會聊一下線上課程的亂象，由於現在開課的門檻大幅下降，有些不具備專業能力，但有追蹤人數的 KOL 也會開課割韭菜。

報名課程前，不妨先看看這個老師過去在授課領域取得過哪些成績，而不要相信那些華而不實的行銷標語。

以 AI 主題的課程來說，筆者過去就曾看過有人在教如何靠 AI 創作爆款文章；但我搜尋他的個人頁面後卻發現，他幾乎沒寫過爆款文章。

也曾看到有人在教如何用 AI 寫程式，但內容大部分都是複製貼上 AI 生成的結果；沒有提到為什麼指令要這樣下，以及遇到問題時可以如何解決，只會一直把錯誤訊息丟給 AI。查了一下講者背景，才發現對方甚至沒有工程師背景 ...

NOTE

CHAPTER
19

當結局注定失敗，我是靠什麼堅持下去的？

放棄有一千條理由，堅持卻只需要一個；

盡全力後沒有遺憾，才對得起自己。

受傷後跟朋友聚會時，大家都很有默契地避開了健身的話題，也沒有聊到年初那篇說要降體脂肪的「祭品文」。

其實就算我選擇放棄、假裝遺忘，大家應該也不會說什麼；但⋯自己許下的諾言，就算所有人都忘了，自己還是會記得啊！

19-1 我感受到宇宙的惡意

經歷頻繁的復健與物理治療後，我終於在傷後的一個月（2024/4/10）可以順利彎腰，醫生也說可以開始運動了。

但回到健身房後，**我沮喪地發現自己能做的重量只有受傷前的一半**；而且傷後身體的活動度大幅減少，有很多器材不太能做（ex: 坐姿划船、捲腹、腿推），不然會讓傷勢復發。

不過我想：「只要持續努力，至少能回到原本的身體狀態吧！」

結果才恢復訓練 1 個禮拜，**我在 4/17 號晚間突然發高燒**。儘管有到診所拿退燒藥，但這一燒，就燒了 5 天。

最後到大醫院掛號後，於 4/22 號確診肺炎；**然後一路吃藥到 5/6 才恢復健康**。

在病榻上，我看著腰間的肥肉與手臂鬆弛的肌肉，就算沒有量 Inbody，我也很清楚體脂至少回到了年初的 23%。

有些幹話文會跟你說：「當你真心渴望某樣東西時，整個宇宙都會聯合起來幫助你。」

但經歷了這麼多事，我覺得孟子說的：「**苦其心志，勞其筋骨，餓其體膚，空乏其身，行拂亂其所為。**」更貼近現實。

> 命運跟你作對，那是命運的事；有沒有堅持到底，是你自己的事。

19-2 就算註定輸，我還是會用盡全力

我很清楚，除非動用一些非常規手段（ex：過度節食、瘋狂有氧），否則要在 1 個多月的時間降 7% 體脂基本上是不可能的。

更何況我才大病初癒，過度激烈的運動反而會讓舊傷復發。

因此我最後的選擇是「一週至少進健身房 5 次，並挑選合適的動作與重量，避免再次受傷」，並將目標調整為「可以做到引體向上」。

> 同期阿伯的引體向上，真的對我影響深遠。

19-3 我成功拉起了自己

說來慚愧，健身了 3 年，在身體健康的狀態下，我也從來沒有成功做過引體向上。

但在就在 6 月的最後一週，我成功拉起了自己。

對我來說，那一刻有種救贖的感覺，讓過去的自我懷疑一掃而空。

到了 6/30，我已經可以穩定做到 3 下引體向上，10 下雙槓臂屈伸，儘管動作不太標準（力量不平衡），但已經讓我無比興奮。

前面講了那麼多，你是不是以為我體脂成功降到 16% 了。

很抱歉，故事總是不完美的，下面分享這 5 個月來，我身體組成的變化：

- 體重：76.1 📉 71.1（下降 5.1 kg）
- 骨骼肌重：33.0 📈 33.1（上升 0.1 kg）
- 體脂肪重：17.7 📉 12.6（下降 5.1 kg）
- 體脂率：23.3 📉 17.8（下降 5.5%）

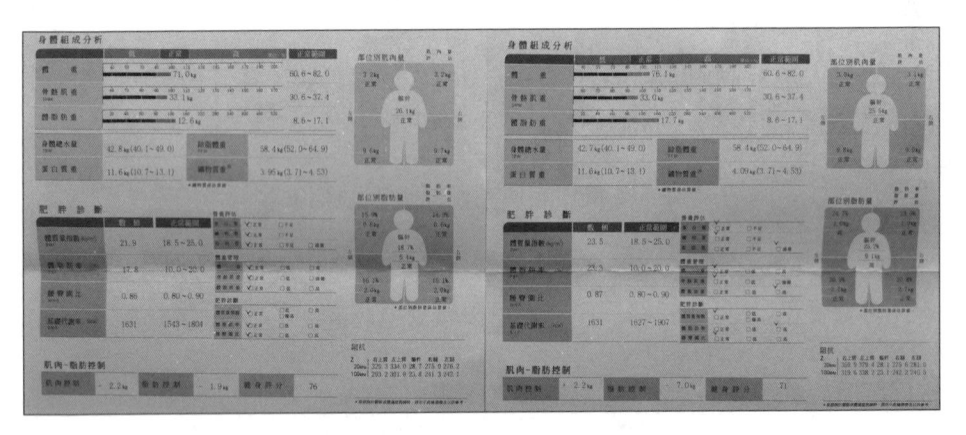

▲ 圖 19-1　兩次的 Inbody 紀錄

儘管距離目標的 16% 還差 1.8%，但這些改變已經大幅改善了我的身體狀態。最後也依約抽出 1 位朋友，邀請他吃私廚料理。

▲ 圖 19-2　私廚料理（劍先烏賊義大利麵）

19-4 結語：如果年初沒發祭品文，我應該會放棄健身吧

儘管最後沒有達標，但我很感謝年初在社群媒體發祭品文的自己。

否則我可能會用「椎間盤突出、發燒、肺炎」來當自己耍廢的藉口，然後當個只會抱怨的人。

這個「祭品文」讓我在身處逆境時，依舊保有前進的動力，並堅持到底。

常立志，不如立長志。我之後也會保持運動的習慣，而這次的經驗剛好幫我驗證「Ch16 除非有明確的目標，否則『自律』並不會幫你成長」的幾個觀點：

1. **目標很重要**：如果沒有「半年」的期限，我應該會一拖再拖；假使少了「16% 體脂率」的目標，我可能還在假裝自律。
2. **壓力很重要**：年初的「祭品文」不僅是對自己的承諾，更是對周圍所有朋友的承諾；如果沒發這篇文，在遇到挫折、發現目標不可能實現的時候，我應該就放棄了。
3. **專業很重要**：過去我以為尋求專業指導就能一帆風順，但經歷重訓受傷、醫生誤診後，我了解到如果想要讓專家發揮實力，你必須擁有一定程度的基礎知識，這樣才能順利溝通，並判斷對方是否真的具備專業。

從目標來看，我的確失敗了；但從結果來說，我超越了過去的自己（無論是心靈還是肉體）。

如果你心中也有想嘗試的事，**不妨先替自己訂下明確的目標，然後勇敢地向世界宣告**，也許你會看見不一樣的自己。

當結局注定失敗，我是靠什麼堅持下去的？

NOTE

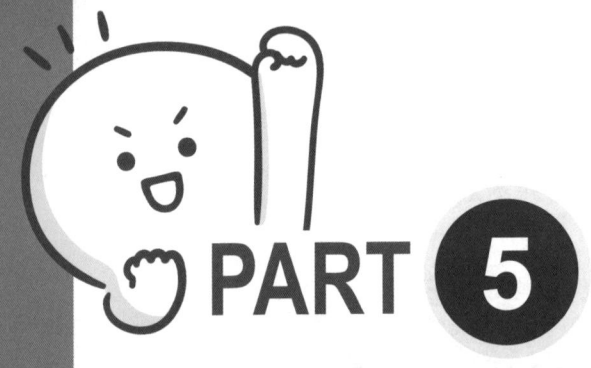

PART 5
我們都是彼此的異類

每個讓你感到詫異的觀點,不過是你沒經歷過的人生。

大多數人都活在自己的同溫層中,身旁的人通常有著跟你相近的思想、收入、生活圈。

這沒有不好,但如果有機會,不妨嘗試跟不同收入、產業的人多聊聊。

也許無法將他們的故事套用到自己身上,但至少讓你知道這世界有這麼一群人存在。對不同圈子的人來說,我們都是彼此的異類。

Ch20 我願用人生十年,換回自己的天真無邪
不要以為自己是獨特的,一旦踏入灰色產業,幾乎沒人可以回頭。

Ch21 我 All in 了!你敢跟嗎?
人生本來就是在拓荒,只要不違法不致命,如果真的渴望致富,勢必要做出跟別人不同的選擇。

Ch22 來晚了,我就不要了
工程師為何拒絕一份年薪 300 萬、漲幅 100% 的工作?

Ch23 上個月,我跑了 273 公里!
能阻擋你前進的,從來不是年齡、職業,而是你自己。

Ch24 沒想到會遇到這種 Uber 司機,這次我不忍了!
明明只是做個計程車,但彷彿上了一堂企業經營的實務課程。

CHAPTER
20

> 我願用人生十年，換回自己的天真無邪

• 工程師下班有約：企業內訓講師帶你認清職涯真相！

....
孟母三遷是有道理的！因為環境對人的影響太大了。
....

如果在 20 多歲，你就拿到一份年薪超過 200 萬的工作。

而且這份工作的難度不高，只需要偶爾加班；唯一的缺點，就是他遊走於法律的灰色地帶。

那麼在高額報酬的誘惑下，你會接受這份工作嗎？

前段時間夢到幾位工程師進入灰色產業工作，故事情節如有雷同，純屬巧合。

20-1 灰色產業薪水真的很高嗎？

很多人覺得只要是灰色產業，薪水肯定比其他產業高不少。

但其實這個觀念只對一半，因為灰色產業也是分等級的；如果能力不足，薪水也就多個 20% 左右（其實跟一般工作沒差太多）。

但如果你的能力夠強，足以進入頂尖團隊，那比上一份工作高 100~200% 是有機會的。

而且相較於其他產業，灰產更不在意年齡、工作年資。

小提醒

雖然這個產業能獲取更豐厚的報酬，但也伴隨著許多風險，其中最基本的就是法律問題。

儘管大部分灰色產業都說自己的公司不違法，但有時違不違法，就是在拼運氣；如果你運氣不好，上班上到一半被警察抓走也是有可能的。

20-2 不要以為自己是獨特的

認真講,絕大多數踏入灰色產業的人,幾乎沒人能全身而退。

因為上班與同事相處的時間,通常遠遠超過與家人、朋友相處的時間,因此他們的行為、思考、決策都會對你的價值觀造成嚴重影響。

很多人在入行之初都覺得自己肯定是例外,不會被環境影響;但就算你只是個工程師,在這個產業待久了價值觀也會崩壞。

因為你的同事可能來自三道九流,晚上有時還要去各種聲色場所應酬。

一開始你也許還有點抗拒,但過段時間,很多人就舒服地接受了,反正都是公司買單。

甚至某些公司的文化更狂,**把上班比喻成上酒店可說是毫不誇張。**

> **大多數人會被洗腦**
>
> 許多人第一次在灰產嚐到甜頭後,反而會開始懷疑過去的自己為什麼要那麼守規矩。
>
> 甚至覺得那些勸自己脫離這個環境的人,並不是出自真心,而是嫉妒自己現在擁有的成就。
>
> 人的價值觀是由環境決定的,所以當身旁的人都用這種方式賺到錢,並過上理想的生活時,他們會更堅信自己的選擇是對的。

20-3 為什麼進入灰產後就很難離開？

少數相對理性的人，可能想說待個幾年，撈到錢就走。

但其實你已經很難接受外面的世界了，因為離開這個行業後，薪水可能直接砍半，甚至有不少公司會因為你待過灰產就直接刷掉。

而且在你提交辭呈時，如果老闆用加薪 100% 來挽留，你走還是不走？
（ex：月薪從 15 萬變成 30 萬）

灰產就像印鈔機，有多少人能扛住誘惑？

一旦投身爭議性高的產業，未來想跳槽時，往往只能在同類型的灰色產業間選擇。

除非你打算一路走到黑，否則建議一開始就避開這些產業。

20-4 結語：所謂天真不是一無所知，而是經歷過一切後還選擇善良

最後分享一個上岸的故事，在夢境中只有一個朋友成功上岸，其實他也不是主動上岸，而是因為公司無預警倒閉。

當時他的年薪大概 200 萬初頭，在公司倒閉後，便下定決心不再接觸灰產。

他很清楚回到正常產業很難拿到過去的薪水，所以一開始就把目標降低到 150 萬。

結果面試了半年，只錄取了一間；而且到最後一關才知道，原來這間正常公司的背後，有一些灰色產業的東西。

又經歷了半年多的掙扎，最終他進入一間中小企業工作，年薪 80 萬，比他進入灰產前的薪水還要更低（他的能力已經算是業界前段班，但職涯依舊受到嚴重影響）。

在夢中我問他為什麼拒絕灰產，他說：「就算要再多花 10 年才能回到年薪 200 萬，我也願意；我希望這些錢是憑藉自己實力得到的，而不是靠出賣良心。」

夢醒後我腦中出現一句話：「所謂天真不是一無所知，而是經歷過一切後還選擇善良。」

儘管每個人都有自己的職涯規劃與經濟上的考量，但筆者並不建議為了一時利益，而進入爭議性高的產業，除了可能觸法與影響履歷外，最嚴重的是「價值觀偏差」。

在有問題的環境待久了，就容易把錯誤的事情視為理所當然；一個人的道德感下降後，就容易做出讓自己在未來後悔的事情。

NOTE

CHAPTER 21

> 我 All in 了！
> 你敢跟嗎？

....
所有的成功都是倖存者偏差，但共同點都是他們做了
別人不敢做的事情，而且往往還做了不止一次。
....

跟科技業的朋友聚會時，我聽到了一個值得深思的 All in 故事。

剛好近幾年投資市場動盪不安，也許這篇文章能帶給你不同觀點（**僅為經驗分享，並不構成任何投資建議**）。

4 年前，朋友的公司在做上櫃的準備，並開放員工認購股票。

員工依據職等可以認購不同的張數，像資深工程師可以認購 2 張，基層主管可以認購 10 張，一張股票在台幣 2 萬塊左右。

以稅後 EPS 來看，這間公司除了疫情爆發那年是負的以外，之後都在 3 以上，但認股的時間點偏偏是在疫情爆發那年。

21-1 公司開放認股，但員工會買單嗎？

在一間公司待越久，你會越了解他的本質；當然，你會比外界人士更清楚他的「缺點、風險」。

這間公司員工的平均年資落在 8 年左右，因此大部分的人對上櫃這件事持悲觀態度，所以認購的比例並不高。

而朋友也因為對公司毫無信心，所以連一張股票都不願意認購。

其實有時會有「燈下黑」的問題，因為員工往往是最了解一間公司缺點的人。

但這個時候，朋友的主管做出了一個所有人都沒想到的決定。

他跑去找公司的副總，說：「我知道不是每個人都有認購公司股票，請問我可以把別人沒有認購的份額買下來嗎？部門內有多少我收多少！」

最終，這位主管買了 100 多張股票，遠遠超過他原本能認購的 10 張額度。

買完股票後，主管笑說：「感覺我把這些年賺的錢，全都還給公司了。」

21-2 只有最特殊的人會被記住

雖然邀請員工認購股票時，公司都會說大家不要有壓力。

但我們換位思考一下，如果你是老闆，你會不會去看每個部門、每位主管的股票認購率？

主管認購 100% 並不會引起注意，但如果認購超過 1000%，這個名字絕對會被高層記住。

而且對當年的主管來說，這兩百多萬已經算是押身家的等級了。

公司在看到他如此忠心後，隔年就把他升遷到「部門主管」的位置，除了薪水大幅調漲外，團隊也擴大了 2 倍，甚至時常被高層邀請到私人聚會。

並且在 2 年後，這間公司真的順利上櫃了，股票市值 1xx 元。

也就是說，這位主管在獲得高層信任的同時，資產也在這兩年翻了 5 倍以上，獲利超過千萬。

這筆投資表面上看起來賺的是「錢」，但主要賺到的是「人情」，讓你擁有打開視野的「門票」。

21-3 就算有內線消息，你敢押身家嗎？

故事講到這裡，有些人會質疑：「他一定有內線消息啦！不然誰敢押身家？」

但說實在的，認購股票的時間點距離上櫃還有兩年，如果沒有成功上櫃，那這些股票可能就會變成壁紙。

而且讓大家認購股票時，高層肯定都是發放利多的消息，告訴員工未來前景會有多好。

但大部分的員工還是不相信，像我朋友連一張股票都不肯認購。

All in 背後的故事

也許有不少讀者認為這位主管只不過是運氣好罷了。

但實際上，這並非運氣，All in 一直是他人生在執行的「策略」。

他的財富觀並不是大家熟悉的「複利」，因為他認為如果把投資週期拉到數年，甚至數十年，不可控因素太多了。

誰知道會不會有什麼天災人禍，直接毀掉你半輩子的積累。

所以在追求財富自由這塊，他拼的是「爆擊」。

21-4 如果有 200 多萬的現金，你會做什麼事？

在台灣，可能有不少人會把錢拿去買房付頭期款。

而這位主管把他人生的第一桶金拿去開公司；結果一年後，公司破產倒閉。**在公司倒閉後他也因為信用破產，連信用卡都辦不了。**

一般人在經歷這種打擊後，應該就不敢再 All in 了吧？

不，在 2017 年虛擬貨幣興起時，他又 All in 了。

追求爆擊的他並沒有選擇「比特幣、以太幣」這類知名的加密貨幣，而是投了一堆小幣。

但隨著虛擬貨幣市場降溫，他最終認賠殺出，**這次的投資報酬率是 -90%**。

21-5 結語：輸得起，是做出決定的前提

每次失敗後，這位主管都會給自己的投資加上新的規範：

- **創業失敗**：任何投資都以不會造成負債為前提。
- **虛擬貨幣慘賠**：不要碰自己搞不懂遊戲規則的投資產品。

最終，他等到了這次員工認股的機會。

這個機會全公司的人都有，但只有他打破遊戲規則的框架。

他也靠著這個決策贏得高層的信任，同時獲得超過千萬的報酬。

就算公司最後沒有順利上櫃，我想從職場的角度而言，他這次的投資也是正確的（讓自己未來更順遂）。

至於日後這位主管會不會再次做出 All in 的操作？

我不知道，**畢竟能控制住慾望的人太少了**，對於那些曾經證明過自己判斷的人更是如此。

偶然的好運，也可能帶來日後的一無所有。

能成為故事的終究是少數，如果這位主管如果第三次 All in 還是失敗，那就不會有這篇文章。

但人生本來就是在拓荒，只要不違法不致命，如果真的渴望致富，有誰規定一定要穩定小康呢？

如果想避開風險，無憂無難，那上班 + 資產配置就可以穩定小康；但如果想做出成績，那這位主管的做法成功率更高。

再次聲明，這篇文章並不是鼓勵大家做高風險投資；而是分享另一種人生觀與金錢觀，讓大家知道世界的多樣性。

> **小提醒**
>
> 很多人 All in 是會影響到日常生活的，但這位主管的 All in 只是讓自己現金儲備量降到 10%。
>
> 就算這些錢全部賠光，他依然是公司的主管，可以過比一般人好的生活。
>
> 200 萬對許多人來說是需要累積一段時間的積蓄，但對這位主管來說，是每年都能累積的本金。

CHAPTER 22

> 來晚了，
> 我就不要了

• 工程師下班有約：企業內訓講師帶你認清職涯真相！

時間，才是最寶貴的資產。

大家是如何看待「高薪」的呢？

年後有個朋友想轉換跑道，但收到錄取通知書後卻在猶豫是否接受。

於是我好奇的問他：「對方有給到你期待的薪水嗎？」

朋友：「有啊，如果接受的話薪水漲 60%。」

就算在科技業，跳槽一次漲 60% 也是很少見，所以我接著問：「是灰色產業嗎？」

朋友搖了搖頭說：「不是，是一般的公司。」

聽到這裡，我有點憤怒了：「所以你是在炫耀，還是要討論？」

朋友：「雖然有炫耀的成分在，但我真的不確定自己是否會接受這份 Offer。」

22-1 原來科技業還有這種工作！？

朋友目前的年薪約 150 萬，可以遠端工作。

因為對手上的業務非常熟悉，所以**他一週實際的上班時數約 10 小時，這還是把開會算進去才有的時數。**

如果在上班時間密他，基本上他都可以秒回；如果沒有秒回，通常是因為他在打電動或是睡覺。

我想上面這段文字，可能有些顛覆大家對科技業爆肝的既定印象。

別的產業我不清楚，但軟體業真的存在這種現象；因為在相同時間下，工程師之間的產能可能相差到數十倍，主要原因為下面兩點：

1. **個人天賦**：如果說努力決定下限，那天賦就決定上限。這位朋友在大型程式設計的競賽中，拿過個人全國第一的成績。
2. **認知落差**：他擁有的專業非常小眾，全公司能看懂的人一隻手數得出來，因為高層都看不懂，所以他說什麼就是什麼（這個組的每個人都互相 Cover，大家一起爽）。

> 大家不要看他工時這麼少，在公司眼中，他的績效是前 10%。

22-2 從時薪的角度來看一份工作的 CP 值

因為朋友目前的工作太爽了，所以即使新工作給了他一年 240 萬的 Offer，他都在猶豫。

因為原本的工作只要扮演好「工程師」的角色就好，而新的工作要擔任「架構師」；除了要熟悉新的業務外，朋友最大的猶豫點在「不能遠端上班」，而且這間公司還有加班文化。

現在我們把這兩份工作列出來，大家不妨想想，如果獲得這個機會，你會如何選擇？

- 原工作：工程師，年薪 150 萬，每週工作 8~12 小時，可遠端。
- 新工作：架構師，年薪 240 萬，每週工作 45~50 小時，不可遠端。

如果只看年薪，大部分的人肯定選擇「新工作」；但如果把實際上班時數考慮進去，也許有部分的人選擇待在「原工作」。

因為單純從「時薪」的角度來看，新工作大約只有原工作 40% 的錢。

22-3 不要把工作當成學習的場所

文章看到這，可能會有人說：「應該要去當架構師啊！就算不是為了錢，也能接觸更多新事物。」

的確，新工作肯定會接觸到新事物；但這並不代表你會在工作中成長，有可能只是手上的雜事變很多。

在這個案例中，如果想要學習成長，原本的工作就能有大把的時間學習了，新的環境只是用工作填滿你的時間罷了。

22-4 如果沒有買房、買車的需求，你還會追求高薪嗎？

最後，我朋友婉拒了這份工作。

在他婉拒後，對方公司直接把薪水拉高到年薪 300 萬，這已經是高達 100% 的漲幅了！

但我朋友最終還是選擇拒絕，他跟我說：「如果一開始直接開 300 萬，那就突破我的理智了，我應該馬上答應；但因為猶豫的時間太長，在思考完工作的 CP 值後，我覺得新工作不划算。」

最後他還補了一句：「這 Offer 來晚了，我就不要了！」

其實我朋友之所以能這麼瀟灑，是因為他沒有買房、買車的需求。

現在的薪水已經可以讓他擁有不錯的生活品質，儘管有能力拿到更高的收入，但他選擇讓自己活得開心。

22-5 結語：用 300 萬的能力，做 150 萬的工作

▲ 圖 22-1　這張工程師伸手拒絕的霸氣形象也是 AI 生成的

這篇文章在社群發表後獲得了熱烈迴響，並被多家媒體轉載；下面挑 3 個討論度最高的議題跟大家分享：

1. **一週才工作 10 小時，剩下的時間應該要拿去兼職！**

    這是最多人的想法，但其實如果沒有強烈的金錢需求，**其實「有錢有閒」是最舒服的生活步調**；筆者雖然本職 + 斜槓賺了不少錢，但那段期間完沒有生活品質，甚至陷入失眠、憂鬱、焦慮的負面狀態。

2. **應該選 300 萬的工作才對，又沒多累，還可以讓自己提早退休啊！**

    對平常一週工作 40 小時的人來說，的確 45~50 小時不算累；但對已經習慣一週工作 10 小時的人來說，這是完全回不去的。而且習慣遠端工作後，突然有天要你回公司上班，那光通勤時間就會讓人無法忍受。

3. 現在可以爽爽領年薪 150 萬，幾年後這種工作還在嗎？

   這篇故事其實是 2 年前的文章，發文後我問朋友現在工作的近況如何？他說薪水已經調漲到 220 萬了，平均每年調薪 20%；儘管工時很短，但別忘記他的績效是前 10%。

其實這位朋友之所以工作可以這麼爽，最主要的原因是：「**他擁有遠超現在這份工作所需要的專業能力**」面試不過是在證明他的能力罷了。

就像大學生去做小學生的題目一樣，看到題目就已經想到答案了，幾乎不用動腦；如果你的人生在追求工作與生活的平衡，其實這是最理想的模式。

> 文末還是提醒一下大家，每個人的人生都是自己選擇而來的，文章僅是分享不同視角的觀點，讓大家知道世界的多樣性。

CHAPTER 23

上個月,我跑了 273 公里!

• 工程師下班有約：企業內訓講師帶你認清職涯真相！

> 你不用很厲害才開始，但你要先開始，才會變得很厲害。

下班後才剛走到社區門口，保全大哥就小跑過來，自豪地向我分享他最新的跑步紀錄：「上個月，我跑了 273 公里；這個月，我準備挑戰渣打半馬，今年的目標是在 100 分內完賽！」

如果沒附上照片，搞不好大家會覺得這句話是從某個年輕小伙子口中說出的。

但其實這位大哥已經快 50 歲了，他去年 7 月才重新恢復跑步的習慣，但今年 2 月就已經跑出 1 小時 51 分的半馬紀錄。

今天，就讓我來分享這位大哥的故事。

▲ 圖 23-1　每個人都有自己的故事

23-1 超熱情的保全大哥

大哥是晚班的保全，他會對每位經過的住戶熱情打招呼，甚至小跑步幫你刷卡按電梯。

講實話，他是我這輩子目前看過最敬業的保全。

畢竟現在已經沒幾個大樓保全能記得所有住戶的外表、姓名、樓層了。

可能是被他的熱情所感染，一般經過櫃檯會快速通關的我，時不時的會跟他聊上幾句。

這位保全大哥因為頗受住戶好評，在半年後升職為大樓行政組長，果然人才到哪裡都會發光。

23-2 開始跑步後，半年內瘦了 11 公斤

不知從哪天開始，我回家的時候大哥都會跟我分享他今天又跑了幾公里。

幾個月過去了，他的體態肉眼可見的改變，**靠規律的運動，他在半年內瘦了 11 公斤。**

其實我在「Ch16 除非有明確的目標，否則『自律』並不會幫你成長」文章中，會訂下體脂率要降到 16% 的目標，有很大一部分是受到大哥的激勵。

因為網紅明星的成功會讓人覺得遙不可及，但看到身旁的人有軌跡的持續成長，會讓你產生「我或許也能做到」的想法。

23-3 怎麼做到的？有秘訣嗎？

說到運動，絕大多數的人都是三分鐘熱度。

但這位大哥至今已持續運動超過一年，在聊天的過程中，我總結出以下 3 點：

1. **跟團練習**：我們可以靠熱血連續跑好幾天，但通常無法超過一個月；但如果是跟團練習，你就更容易養成習慣。而且加入團隊後有前輩可以請益，減少新手運動傷害的風險。
2. **規律訓練**：這個跑團每週有固定的訓練行程表，有了行程表，就有更高的機率參與活動；若沒有行程表，當有其他邀約時，運動可能是第一個被移除的。
3. **排名制度**：沒有人一開始就是高手，但透過努力，我們可以逐漸跟上團隊的步伐。排名制度可以給想進步的人有更多成長的動力。

23-4 結語：能阻擋你前進的，從來就只有自己

最後，我想借用一下五月天《倔強》的歌詞：「我不怕千萬人阻擋，只怕自己投降。」

論身體條件，大哥快 50 歲了，而且年輕時還受過大傷。

論工作性質，大夜班保全的工作是日夜顛倒的，而且一次要執勤 12 小時。

種種不利的外在因素都可以成為放棄與懶惰的藉口，但大哥選擇讓身體動起來。

一次又一次，用汗水超越過去的自己。

在故事的最後放上大哥渣打半馬的成績（1 小時 45 分）；儘管沒有破百（1 小時 40 分內），但作為第一次半馬的成績已經非常優秀了。

這距離別說跑了，筆者連走都走不完。

```
2024 渣打臺北公益馬拉松
Standard Chartered Taipei Charity Marathon

姓  名          劉■
Name
分  組          男40-49歲
Division
項  目          半程馬拉松(21.0975 KM)
Event
大會時間        01:46:00
Official Time
個人時間        01:45:50  (12 km/hrs)
Net Time
總 名 次        692 / 6737      (89.74 %)
Overall Ranking
分組名次        216 / 1612      (86.66 %)
Division Ranking
性別名次        629 / 4773      (86.84 %)
Gender Ranking
```

▲ 圖 23-2　大哥的半馬紀錄

分享這則故事，是想傳遞一個訊息：「你不用很厲害才開始，但你要先開始，才會變得很厲害。」

保全大哥的故事為我帶來能量，我也希望這篇文章有把能量傳遞給大家。

NOTE

CHAPTER 24

沒想到會遇到這種 Uber 司機，這次我不忍了！

• 工程師下班有約：企業內訓講師帶你認清職涯真相！

人才，到哪裡都是人才。

坐過這麼多次的 Uber 跟小黃，我還是第一次遇到這種司機。

在短短 20 多分的車程中，我彷彿上了一堂企業經營的實務課程。

下車後，我忍不住獻出人生第一次的 Uber 打賞（對不起我很摳）；並趁記憶猶新的時候，把這次難忘的乘車經驗透過文章記錄下來。

原本以為網路上的司機經營學都是在編故事，直到親身體驗，才知道原來神人真的存在。

24-1 向下相容的解決方案

因為要跟家中長輩一同前往聚餐地點，所以我在 Uber 叫了一台 6 人座的汽車。

車剛到的時候，我就在心中默默吶喊：「今天賺到了！」

因為這是台 7 人座休旅車，上車後我 1 米 8 的身高坐到第三排雙腿還可以自然伸直，甚至車頂離我還有 30 公分的距離，完全沒有空間上的壓迫感。

連坐在司機旁邊的長輩都讚不絕口：「你這台車坐起來也太舒服了！」

在車子受到認可後，司機開始跟我們聊了起來，並分享他為何挑選這款車來做 Uber：

1. **尚未受到市場關注**：他在過去工作中開過 40 多款汽車，但最終選擇了這款法國進口車。除了好開外，另一點是因為法國車在台灣的市場尚未打開，所以 CP 值很高，就算頂配也才 138 萬。

2. **低油耗**：雖然是柴油車，但行駛過程中幾乎感受不到震動，且油耗表現極佳。
3. **向下相容**：因為是 7 人座的車，所以有非常大的載客彈性；甚至因為空間大，有些行李多的乘客即便人數不多，也會選擇叫 7 人座的車。
4. **舒適體驗**：車內空間寬敞，無論坐在哪個位置都有良好的乘車體驗。

在聽完邏輯清晰的分享後，我們不由對他的背景感到好奇，畢竟有些 Uber 司機只是把開車當興趣，平常還是有自己的正職。

24-2 如何更快達成 KPI

詢問後，司機哈哈一笑說：「我原本是科技業主管，但因為工作佔據了自己全部的生活；但我又不想錯過與家人相處的時光，所以這才轉行當 Uber 司機。」

繼續深聊下去，發現這位司機真的不簡單，他有明確的經營策略，且持續優化：

1. **制定每天、每周、每月要達成的業績**：原則上每天的淨利要超過 5000 元。因為 Uber 會向司機抽 25% 的平台手續費，加上其他雜支，所以一天營業額需要到 7500 元以上。
2. **提高達成目標的效率**：他在選車時就有自己的策略，因為 6 人座的車，在 Uber 可以加價 30%，基本上就抵消了 25% 的平台手續費。
3. **提高單趟收益**：他選擇在高速公路附近有豪宅的位置，又或是動物園這類的親子景點待機；這樣往往有 700～1200 的單趟收入。
4. **配備 2 套 GPS 系統**：一個用比較廣的視角顯示塞車路段，另一個用來調整最佳路線，這樣可以盡可能縮短單趟時間。

24-3

5. **優化乘車體驗**：考量到人多時車內空氣悶熱，他加裝了兩台小型循環扇，除了讓乘客有更好的乘車體驗外，還可以節省冷氣費。

綜合以上優點，乘客在有良好乘車體驗的狀況下，有較高機率於旅途中稱讚司機；有交流，收到小費的可能性也大幅上升。

24-3 結語：人才，到哪裡都是人才

快抵達目的地的時候，長輩在最後問道：「為什麼你可以想到這麼多？」

司機回答：「我在科技業的時候每天都要解決問題，所以會盡可能把一切都考慮進去，並持續優化現行策略。」

我不確定這位司機大哥過去是不是科技業主管，但我相信他對自己工作的掌握度、面對問題思考的深度，比絕大多數人都還要更高。

其實我之所以會對這個司機印象這麼深刻，是因為同樣的旅程；上一個 Uber 司機開了 1 個小時，而這位司機只開了 28 分鐘，全程沒有超速，只是選擇了幾乎不會塞車的路線。

對司機來說，他們都完成了一單；但對乘客來講，這是完全是不同的乘車體驗。

持續追求更好的解決方案，才有辦法在同個領域持續成長，並受到他人的認可。

24-4 後記：分享能得到更多的回饋

我把故事分享到 FB 後，瞬間擁有超高的瀏覽量與分享次數，並被多家媒體轉載。

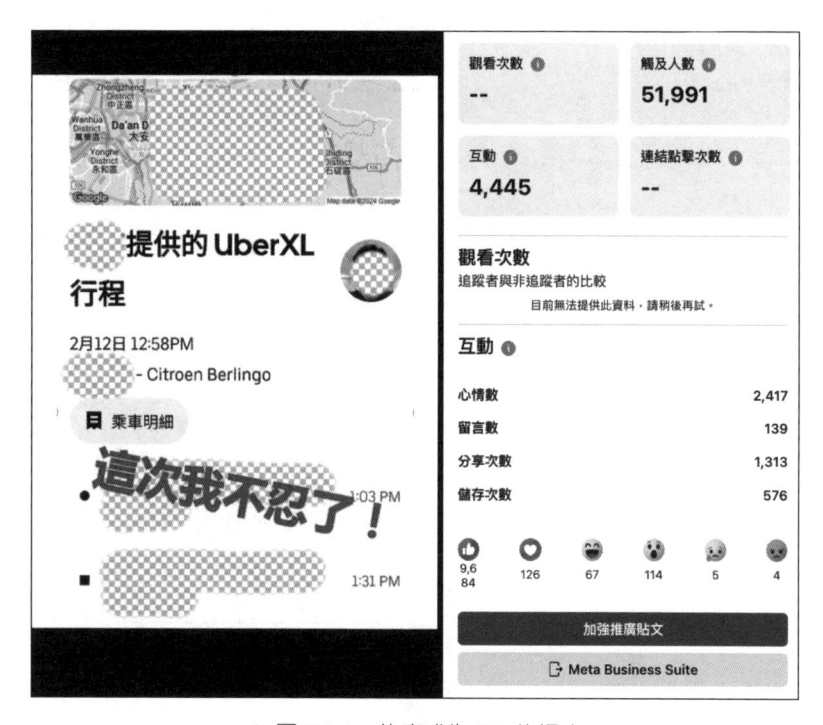

▲ 圖 24-1　故事成為 FB 的爆文

其中印象最深刻的，是有一位計程車司機主動密我，分享他的經營理念。

這位計程車司機的單月最高營業額超過 22 萬，扣除成本後，平均每月利潤在 15 萬上下。會強調「平均」，是因為這個營業額並非偶然，而是長期穩定的結果。

在他 2024 的年報中，總營收約 240 萬，淨利約 180 萬，完全顛覆了我過去對計程車產業的想像。

• 工程師下班有約：企業內訓講師帶你認清職涯真相！

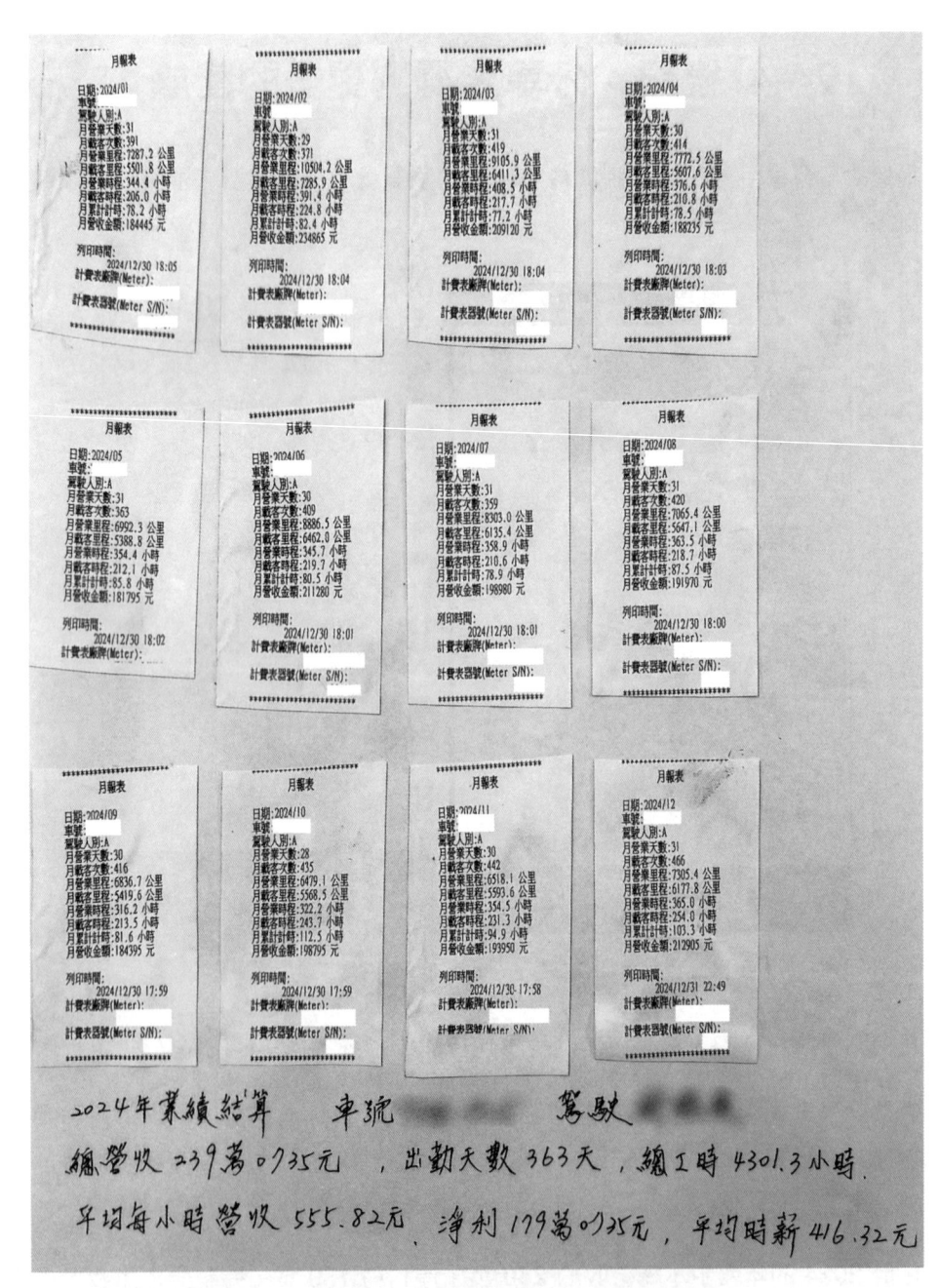

▲ 圖 24-2　提醒大家，這驚人的數據是用超高工時換來的，他一年出勤 363 天，每天大約工作 12 小時。

下面是他獲得高營收的策略：

1. **不倚靠車隊**：如果營收都來自車隊派單，那只要車隊調整派單條件，或對司機停機，你的收入就可能瞬間歸零。
2. **經營個人品牌**：他初期靠車隊累積客戶名單，接著用口碑打造穩定客源。經過一段時間的經營後，他就可以做自己的生意，不用等車隊派單，也不需要被抽成。
3. **已高價預約單為主**：在客源足夠的狀態下，就能挑單來接了，他每小時的營業額在 500~600 元，特殊時期能到 800~1000 元。
4. **車子未必只能載人**：這位司機的車子在改裝後有更高的「物品」乘載量，即使是小型的搬家、貨運也都能接單；甚至當路線重疊時，能同時載人 + 送貨，以賺取更高收益。
5. **計程車與租賃車的雙棲策略**：這位司機有兩台車，一台登記計程車，另一台則為租賃車。會這樣安排，是因為計程車雖然客源多，但法規限制較嚴格（ex：禁止接機、禁止跨區營業）；而租賃車儘管法規寬鬆，卻往往被車行抽走大半利潤。所以他先用計程車累積客源，當客戶有長途或特別行程的需求時，則引導對方透過租賃車的方式預約服務，以合法提高收益和利潤比例。

同樣一台車，會因為每個人的理解不同，而有不同的使用方式及變化，用的好，就算是普通的車也會變成神兵利器。

這位司機把自己的車當成「營業車」而不只是「計程車」；何謂營業，就是要把價值發揮到淋漓盡致。

PART 6
在 AI 時代重新找尋自己的定位

不管是否願意,現在你就生活在 AI 的時代之下;即使不想承認,但 AI 正在大量取代許多人的工作。

就算筆者已經在 AI 領域取得先行者優勢,但面對日新月異的工具、用法,我依然感到害怕。

因為這幾年下來,我親眼見證許多 AI 過去做不到、做不好的事情,已經慢慢可以做得到、做得好了。

以 AI 生成圖片為例,現在人物可以有正常的五根手指、圖片能順利顯示中文,甚至能維持角色的一致性產出多張圖片。這些如今看來理所當然的功能,其實都是過去 AI 無法辦到的痛點。

Ch25 職場上,AI 已經從加分技能變成必備技能

現在已經不是你會不會 AI 的問題,而是你能夠將 AI 應用到什麼地步。

Ch26 如果只會寫程式,感覺撐不過下個世代

當專業領域的門檻越來越低,你就要開始思考:「我有什麼技能是難以被 AI 取代的?」

CHAPTER 25

職場上，AI 已經從加分技能變成必備技能

• 工程師下班有約：企業內訓講師帶你認清職涯真相！

> 我們必須面對正在發生的事情，即使我們不想；
>
> 然後我們必須前進，即使我們害怕。

希望看到這本書的朋友，都已經開始用 AI 輔助工作了。

如果不知道怎麼使用，或是迷茫沒有方向，可以從筆者的部落格文章開始入門：https://dean-lin.medium.com/

▲ 圖 25-1　筆者會在部落格持續分享最新 AI 知識

假使想系統性學習，可以參考我過去出版的書籍《ChatGPT 與 AI 繪圖效率大師》，或是 2025 年推出的線上課程《中小企業 AI 必修課》。相信這些知識能幫助您在 AI 的浪潮中站穩腳步，並在未來的職場競爭中佔據優勢！

工商時間就到這邊，這篇文章我打算從「企業內訓講師」的角度，跟大家分享這幾年觀察到的市場變化。

25-1 你所見到的，只是同溫層的世界

很多時候，我們會把身旁看到的事物當成全世界。

ChatGPT 爆紅的時間點大約在 2023 年初，當時不管是報章雜誌、新聞媒體，還是 YouTube 等自媒體平台都在瘋狂吹捧 ChatGPT 有多麼的強大，彷彿 AI 統治世界的時刻即將到來。

我以為在這麼強烈的宣傳下，應該大多數人都已經開始嘗試 AI 工具了；因為身邊的朋友大多都已經將 AI 導入工作流，增加自己的生產力。

但當我到企業、學校講課時，卻發現實際狀況並不是這樣的；**即使到了 2025 年，有些企業的員工，直到現在還沒有使用過任何 AI 工具。**

我通常會在課程開始前問學員幾個問題，來了解大家對 AI 工具熟悉的程度：

1. 註冊過 ChatGPT
2. 使用過 ChatGPT 與其他 AI 工具（ex：Gamma、Copilot）
3. 已經將 ChatGPT 等 AI 工具應用到生活、職場
4. 有付費訂閱過 AI 產品

根據過去 60 多場 AI 講座的經驗，我發現下面兩點：

1. **付費課程**：學員大多使用過 ChatGPT 與其他 AI 工具，並已經開始應用到生活與職場上。
2. **企業內訓**：根據產業別有巨大的差距，科技、行銷領域的員工大多都會主動嘗試；但部分傳統產業註冊過 ChatGPT 的比例甚至不到 30%。

即便每個人都知道 AI 工具能給自己的職場帶來幫助，但真正有行動的人並沒有想像中的多，而會深入挖掘工具潛力的人更少。

25-2 公司的高層、主管，才是推動 AI 的關鍵

大部分的人都是被動的，如果沒有足夠的推力，大家還是想待在舒適圈；畢竟學 AI，跟把 AI 導入工作是需要時間與精力的。

而此時公司的高層、主管就扮演非常重要的角色，我目前看到有成功建立 AI 文化的公司，都有如下特點：

I. 願意投入經費

前面說過我在課程開始前會先詢問幾個問題，來了解大家對 AI 工具熟悉的程度，而前幾個月在一間傳產公司的內訓中，我得到一個從沒想過的數據：

1. 註冊過 ChatGPT：100%
2. 使用過 ChatGPT 與其他 AI 工具：100%
3. 已經將 ChatGPT 等 AI 工具應用到生活、職場：100%
4. 有付費訂閱過 AI 產品：100%

這是我第一次遇到 AI 滲透率這麼高的企業，經過詢問，才知道**前面已經舉辦過 4 場 AI 講座，且公司付費訂閱 ChatGPT Plus 供全體員工使用。**

可見如果想推動 AI，企業端扮演非常重要的角色。

透過企業內訓的實戰演練，員工能快速掌握如何將 AI 應用於日常工作。而付費版的 ChatGPT 也比免費版更聰明，員工用得開心、順手，工具才有辦法導入，並為公司帶來更大利益。

II. 高層對 AI 工具有一定程度的瞭解

如果高層對 AI 的認知都來自新聞媒體，那他可能會有一些不切實際的幻想，認為什麼事都可以靠 AI 解決，而這些想法會讓員工覺得很頭痛、難以溝通。

相反的，如果高層本身就有在使用這些 AI 工具，了解他的功能與限制；那麼基層員工就沒有不學習、不使用 AI 的理由了。

想要在企業培養出 AI 文化，靠的不只是口號，身教永遠大於言教。

另外高層自己有在使用 AI 工具，才具備判斷問題可行性的能力，才能了解員工是「不想做」還是「做不到」。

> 過往企業內訓的經驗告訴我，最認真上課、發問的，往往都是公司高層；如果沒有搭配實戰演練、小組競賽、回家作業，基層員工可能上課時間還在忙工作上的事情。

III. 願意給員工嘗試的時間

用 AI 的確可以提升工作效能，但剛開始往往會更累，**因為你是在「改變工作的方法」。**

從學會怎麼問問題、挑選適合導入 AI 的流程，最後將 AI 實際運用到工作上，這整個過程都是需要時間摸索，不是馬上就能上手的。

AI 是需要透過大量使用才能掌握的技能，跟過去學習的工具不太一樣。

所以導入初期，工作時數可能不減反增，團隊也容易產生焦慮，想著：「為什麼導入 AI 反而更沒效率？」但這其實是過渡期的正常現象。

直到大家熟悉 AI，知道什麼該交給它、什麼要自己來。到那時候，全體員工的產能才會爆發。

但走到這一步的前提，是公司願意給員工嘗試的時間；否則大家用一段時間沒看到成效後，就會繼續用老方法解決問題。

> **培養種子來解決內部問題**
>
> 企業內訓的時候，常常有長官詢問我一些內部流程優化的問題。
>
> 但老實講，從講師、顧問的角度來說，我們很難在短時間了解問題全貌，這往往只有待在第一線的員工才了解實際狀況。
>
> 所以我通常會建議他們在內部培養種子人才，給有意願嘗試的人更多空間、獎勵；甚至花錢讓員工出去受訓（可以請公假、報加班費的那種），畢竟吸收別人整理好的知識，比自學更有效率。

25-3 就算每個人都會用 AI，但只有少部分人能獲利

未來 AI 的使用門檻會越來越低，不過就算每個人都會使用 AI，這所帶來的結果可能是更加極端的「M 型化」社會；就像現在大部分的人都會使用電腦，但依舊只有極少數的人能用它改變世界。

我認為這個定律在 AI 普及後，只會被加倍放大；因為有能力的人，真的可以一個人當好幾個人用，過去他們被「時間」限制住產能，但有了 AI 後，他們可以把許多基礎的工作指派給 AI，把精力放在最後的檢核與優化就好。

而檢核與優化是需要實務經驗與知識積累的，AI 也許無所不能，但使用者的認知會影響到他發揮的效能。

儘管普通人可以在未經學習的狀態下，靠 AI 做出一定水平的作品，但是當 AI 普及後；你必須要對事物的本質有更深刻的理解，才能創造出令人驚艷的作品。

你可能常常在社群媒體上看到這樣的標題：「0 基礎！無需經驗！一篇搞定！萬用指令！」，或是「請 AI 幫我 xxx，3 天狂賺 100 萬！」這類浮誇的分享。

建議大家下次看到這類標題時，不妨先想想，**如果這麼輕鬆、好賺，幹嘛把方法公諸於世？**

沒有門檻的事情，是賺不到錢的！

假使一個人真的透過 AI 賺到錢，那根本原因通常不是因為使用了 AI，而是他過去的人生歷練加上 AI 的「輔助」，才讓他最終取得了這個成果。

25-4 結語：AI 紅利期逐漸退去

在 2023 年，如果你說自己用 AI 輔助工作，那通常會得到一片讚賞或質疑。

但現在你說自己用 AI 輔助工作，對方可能只會很平靜的回應：「好喔。」

隨著越來越多企業將 AI 導入工作流程，AI 就會從職場的加分技能變成必備技能；如果你所在的職位使用 AI 已經是常態（ex: 行銷、設計、工程師），那守舊的想法只會讓你更快被市場淘汰。

提醒讀者要在市場還有紅利的時候趕緊把握，因為等市場變成紅海時，就算付出更多的努力也只能得到少許收益。

這邊就拿企業內訓來舉例，以 AI 課程來說，現在市場的需求已經逐步收斂。

過去我只要講一些通用案例企業就會買單，但現在我的案例要與產業、受眾緊密貼合。也就是說，課程「客製化」的需求越來越多，因為大部分的人都已經具備基礎知識了。

從講師的角度來看，客製化會讓備課成本大幅上升，因為無法每場講座都用同一份講義；而對員工來說，如果企業對 AI 還是維持保守態度，那未來堪憂，因為我們幾乎無法反抗時代的趨勢。

筆者相信，人不會被 AI 取代，只會被懶惰和守舊的想法取代。無論過去、現在、未來，跟不上時代的腳步就只能等著被淘汰。

CHAPTER **26**

如果只會寫程式,感覺撐不過下個世代

> 過去會一個技能，就能活一輩子；
> 現在要保持學習的心，活到老學到老。

前陣子聚會時，有個工程師朋友問我：「你未來職涯規劃會繼續寫程式嗎？還是有別的打算呢？如果只會寫程式，感覺撐不過下個世代。」

面對這個問題，其實我深有感觸；因為 AI 確實給我工作帶來非常大的幫助。

甚至可以這麼說，在演算法優化、程式重構、SQL 撰寫、DB 規劃、單元測試、變數命名等任務上，**AI 已經做得比絕大多數的工程師更好**。

但其實 AI 對我們的幫助越大，越應該去想：「我會不會哪天就被 AI 取代？我會不會被其他更擅長使用 AI 的人取代？」

26-1 市場其實對品質並沒有那麼高的要求

有了 AI，所有領域的門檻都大幅下降；對外行來說，AI 生成的作品「看起來」已經足夠專業了。

下面舉幾個已經受到嚴重衝擊的產業：

1. **翻譯**：其實一般人無法分辨出 AI 翻譯與專業翻譯的差距，因為現在 AI 已經能翻譯出「有品質、讀起來流暢」的文章了；除非譯者本身擁有超高的文學素養與專業知識，否則翻譯的效率與品質可能還比不上 AI。
2. **插畫**：即使你沒有學過繪圖、設計，現在透過簡單的指令，AI 就能生成出「符合需求」的插畫，這讓許多原本有外包需求的公司轉而投向 AI 的懷抱；假使繪者沒有自己的個人品牌，或是獨特的風格，那未來生存的空間會越來越小。

3. **行銷**：市場有時要的不是「有品質」的文章，而是「大量」的文章與回覆，而這正是 AI 擅長的事。他除了生成文章的效率很高外，還能模擬出上百種不同人格，在貼文下互相留言，營造出討論熱烈的景象、引導話題風向。這讓原本要請好幾位員工才能完成的任務，現在靠少數菁英就能搞定。

之所以上面的產業會受到較大衝擊，是因為**從外行人的角度來看，70 分跟 90 分是差不多的，絕大多數人都不具備品鑑的能力。**

26-2 當沒有程式背景的人，可以在 AI 的幫助下完成專案

這幾年社群媒體上，我越來越常看到「文組、PM」分享自己在 AI 的幫助下，成功開發程式與轉職工程師的文章。

身為一名寫了十幾年程式的工程師，每次看到這類文章時，總有一種莫名的情緒，好像過去苦苦修煉的技巧，在 AI 時代變得一文不值。

但我又不得不承認：「他們說的是真的！現在寫程式已經幾乎沒有門檻了。」

前陣子有個商科出身的朋友，**他靠 Cursor 這個 AI 程式碼編輯器，在一天內完成了購物網站的後台。**

這不是單純的前端網頁，是包含後端 API、資料庫的完整系統。

儘管我知道大部分的功能都是套模板，功能也只有簡單的 CRUD（新增／查詢／修改／刪除），但這個成果依舊讓我感到震撼。

因為在過去如果想建立一個購物網站的後台，即便只要最基礎的功能，這個專案對新手工程師來說，可能也要花 1~2 個月才有辦法完成，而且成果搞不好還有很多的 Bug。

但現在 AI 直接打破專業的鴻溝，即使你完全不懂程式，也「有機會」完成一些基礎的專案、功能。

不過隨著專案複雜度提升，AI 的錯誤率也會隨之上升，如果沒有程式背景，依舊會遇到一些鬼打牆、無法解決的問題。

其實遇到無法解決的問題是幸運的，怕的是寫出看起來可以正常運作，但實際上漏洞百出的程式。

但隨著 AI 持續成長，搞不好再過個幾年就能解決這些問題也說不定。

別忘記，你現在使用的 AI，將會是歷史上最弱的。

26-3 如果高度專業的技能也被 AI 取代

有些人可能覺得自己是業內的資深人員、專家，AI 應該威脅不到我吧？

如果你有這樣的想法，不妨看一下發生在我朋友身上的案例。

他是一個年薪 300 萬的工程師，之所以可以領到這個薪水，除了熟悉產業外，另一個重點是他非常熟悉組合語言。

如果你不知道什麼是組合語言，就把它想成 20 個人努力去學，最多就 1 個人能夠理解並掌握的技術。因為人才稀有，所以都是高薪職位。

原本朋友覺得自己可以靠這個稀有技能爽爽做到退休，但在 ChatGPT 4.0 推出後，他開始焦慮了。因為他發現過去只有少數人能掌握的組合語言，對 AI 來說根本沒有難度。

也就是說，如果公司意識到這件事，基於人力成本考量，很有可能把他給 Fire；然後請一個熟悉這個領域，並對組合語言有基礎理解的工程師來取代他。

26-4 解決問題的能力會更加重要

也許在 3 年內,現有的開發生態會被 AI 顛覆。

對過去的工程師來說,寫出優秀的演算法、易讀性高的程式非常重要;但現在,能判斷出演算法的好壞、程式的可執行性會更加重要。

因為大部分寫程式的任務都已經可以外包給 AI 了(前提是別違反公司資安規定),所以培養分析與拆解問題的能力,並瞭解如何清楚地將需求轉換成電腦能理解的指令,才是如今工程師的核心競爭力。

而在未來,也許工程師的價值會變成解決複雜的商業邏輯、分析多個系統的資料流,有能力判斷不同方案的 Trade-off(權衡);而撰寫程式這件事,在 10 年後搞不好會變成類似「傳統技藝」的存在。

不要覺得這件事不可能發生,過去我們有想過只要動嘴就能做設計嗎?有想過 AI 生成的音樂、動畫,水平已經跟人類不相上下了嗎?

現在市場受到 AI 衝擊最大的是「新手工程師」,因為新手工程師較難判斷 AI 答案的品質與正確性。所以企業在徵才時,可能會優先考慮擅長用 AI 輔助開發的資深工程師。

> **筆者碎碎念**
>
> 從面試官的角度來看,在 AI 時代下,我更在乎求職者是否有處理正式環境 Critical issue 的經驗;因為程式語言、框架可以後天學習,但有能力處理正式環境 issue 的人並不多。
>
> 技術能力只能用來衡量平時的工作效率,但遇到緊急狀況時,在壓力下是否有足夠的膽量與決策能力就很看人格特質了。
>
> **畢竟不管 AI 的建議有多好,還是要有「人」來做出判斷與決策。**

26-5 要對自己的專業有更深刻的理解

下面分享一段朋友說的話。

前幾年 Golang 很火，相關職位的薪水都比其他程式語言來得更高，所以就有人一窩蜂地跑去學 Golang。

不過朋友是這麼說的：「這份專案用 Golang 寫，是因為面對這個需求時，Golang 的效能比較好而已；在 AI 的幫助下，我花一個禮拜寫完這個專案，而 Golang 我才接觸兩個禮拜。」

這段話要表達的不是 Golang 很好學，而是當你對程式的本質有深刻的理解時，程式語言只是一種工具而已，因為背後的底層邏輯都是相通的。

高薪工程師的核心競爭力，不在於知道多少工具或語言，而在於理解需求、解決問題。

> 想讓 AI 給你最大幫助，還是要具備對應的知識水平。否則 AI 是對的，你就是對的，AI 是錯的，你就是錯的。

26-6 結語：別讓專業成為你唯一的價值

這篇文章要傳遞的並不是「工程師已死、工程師將被 AI 取代」這類訊息，而是希望大家停下腳步，問問看自己：

- 「五年後，我今天所做的這些事還重要嗎？」
- 「如果 AI 能完成我的工作，那我的價值在哪？」

當 AI 持續顛覆各種專業，真正的威脅不是 AI 本身，而是你是否已經習慣了安逸，忽略了成長與思考。

專業只是解決問題的「工具」，而 AI 是工具中的新選項；老闆、客戶並不在乎你用了什麼方法，他們只在意你能不能幫他們解決問題。

過去只要會寫程式就能混口飯吃，但在 AI 的時代，你還需要具備其他重要的多元化技能，讓自己更難被取代。

可能是解決複雜問題的思維、跨領域整合的視野，或者是更深入的人際溝通與合作能力。

未來 AI 可以做到的事情會越來越多，但依然需要有人去解決問題、推進決策、承擔責任。

我無法預測未來，但我相信能夠在時代浪潮中保持競爭力的人，永遠是那些願意不斷適應、持續調整的人。

願我們都能在 AI 的時代中，找到屬於自己的新價值。

> **人類永遠不會滿足，所以一定會有新的工作誕生**
>
> 早在 1928 年，知名經濟學家凱因斯曾預言在未來「每天只要工作三小時，每週工時只需十五小時」。
>
> 但時隔近百年，這項預言並沒有成真，因為他低估了人類的慾望；在資本市場的推動下，爆肝、熬夜等問題依舊存在於多個行業。
>
> 現在 AI 已經取代了很多人的工作，就像當年自動化工廠推出後取代了不少工人一樣。
>
> 但許多產業衰敗的同時，也會催生出新的產業；像這幾十年來，互聯網和科技領域的工作正在蓬勃發展。
>
> 而近幾年 AI 相關的機會、職缺，也在快速成長中；如果能掌握這波時代紅利，何嘗不是你超越其他人的機會呢？

NOTE

後記

你想要的生活，就藏在你不敢做的決定背後

> 寫書很累，但能寫自己的故事很幸福。

現在想想，我還挺厚臉皮的，居然寫了一本類似自傳的書籍。

還邀請了許多陪伴我成長的長輩、朋友幫我寫推薦序；甚至委託自己喜歡的圖文作家，幫忙繪製書籍的封面、封底插圖。

之所以選擇「你想要的生活，就藏在你不敢做的決定背後」作為後記標題，是因為每個人看到這句話時，會有不同的解讀。

- 有些人可能早已厭倦目前的工作，想要辭職環遊世界。
- 有些人也許想轉換職涯跑道，做自己真正感興趣的事。
- 有些人搞不好想創業拼一把，認為我命由我不由天。

不管是哪種選擇，我覺得只要能承受最差的結果，沒什麼是不能做的，因為不管是拼命還是放下都需要「勇氣」。

雖然我分享了很多努力的故事，但努力只是一種選擇，而不是正確答案；我過去到現在的努力是為了讓自己更靠近夢想，而不是為了符合別人的期待。

你不必很自律，但要懂得讓環境逼你成長

其實我並不是一個自律的人，但我是一個負責任又渴望成長的人。

所以我克服惰性的方法，就是利用自己「負責任」的性格，主動創造出一個逼自己成長的環境（ex：報名比賽、參加公演、發表品文、接新領域的課程…）。

其實職場上的成長也是一樣的，前陣子朋友約我吃飯時，他提到自己最近正在面試；但不是因為工作壓力太大想轉職，而是因為工作太閒了。

他平均一個月的工時不到 40 小時，會這麼閒不是因為他能力出眾，單純就是公司沒啥事要做。

後記

> 請大家注意，是一個「月」不是一「週」！

大部分的人可能覺得如果上班很閒，肯定會自我精進吧？

朋友一開始也是這樣想的，但他英文讀沒幾天就懶了、Side Project 才剛開始做就放棄了。

> 很多人覺得自己無法進步是因為沒時間，但實際上大多數人即使有時間也不會自我精進，這才是現實。

如果周圍同事都在混、環境缺乏壓力，要做到自律是非常違反人性的。

雖然日子過的很輕鬆，但兩年後他開始焦慮了，因為履歷上幾乎沒東西可以寫，而且感受到自己的能力逐漸與市場脫鉤。

因為怕自己繼續待下去會腳麻走不動，所以他才決定換一份工作，用新的環境給自己壓力與動力。

也許有些人覺得這麼爽的環境，應該能混多久就混多久，但你有想過：「這間公司能待一輩子嗎？他不會倒嗎？幾年後我會被取代嗎？到時我能找到其他工作嗎？」

工作太閒，真的會毀掉一個人。

時代進步很快，如果待在原地不動，未來可能根本沒有你的位子；如果做不到自律，就換個讓自己不得不成長的環境吧！

畢竟，逼著你往前走的壓力，通常比自律更可靠。

成長，並不是看你花了多少時間，而是有多常突破舒適圈

很多人說自己努力看不到成果，但我覺得要先思考一個問題：「你現在的努力是有意義的嗎？」

有些人天天加班，你能說他不努力嗎？不！他很努力，但這種努力未必會有成長。

如果你發現自己的努力只是一直在做「重複」的事：工程師寫更多的程式、企劃做更多的文案、美編出更多的圖。

那我覺得遇到瓶頸是很正常的，因為技能在熟練到一個等級後，其實就停止成長了。

只有踏出舒適圈，學習不同領域的知識，才有辦法繼續累積優勢。

就像我工作時除了寫程式外，還會主動撰寫技術文件、協助新人教育訓練、進行跨部門溝通、嘗試不同職位（專案經理、技術主管）。

這些經驗除了讓我職涯發展得更順遂外，還能成為我經營自媒體的素材，建立專屬自己的護城河。

嘗試帶來見識，見識帶來膽事。如果沒做過，怎麼知道自己能不能辦到？沒有持續努力，怎麼知道這些技能有沒有辦法被鍛鍊？

我之所以能成為外商工程師、企業講師、暢銷作家，是因為我已經看淡失敗與挫折，並把突破舒適圈當成自己的日常。

> 但請衡量自己的健康狀況，別忘記筆者一度忙到失眠、焦慮、憂鬱。

與眾不同未必會成功，但一定會被「看見」

如果你是因為與眾不同的封面而購買了這本書，那我的目標就達到了。

既然你都看到了後記，應該很清楚我這一路走來，用了多少「旁門左道」：

- 高中拿市長獎不是因為我成績好，而是因為比賽得獎多。
- 能發表魔術道具不是因為我擅長魔術，而是因為我會開發程式。

- 出書不是因為我文筆好，而是因為技術比賽得獎才獲得資格。
- 書籍取得年度暢銷第三名不是因為我有影響力，而是因為搭上 AI 的熱潮。
- 能受邀拍攝職人紀錄片不是因為我能力好，而是因為我有經營自媒體。

我是個了解自己優勢，並善用槓桿的人。想達到目標有很多條路，我只是選擇了自己有「不公平優勢」的那條。

紙上得來終覺淺，絕知此事要躬行

雖然我在書中分享了很多技巧與方法，但我相信大多數人在看完後，還是會回去走自己熟悉的老路。

也許古人說的：「見山是山，見山不是山，見山還是山。」已經解釋了一切。

那些真正能帶給你深刻領悟的東西，從來不是書裡的幾句話，而是你親自撞過的牆、跌過的跤。

畢竟，所有你渴望的成長，都必須親身經歷；所有你期待的收穫，都必須付出代價。

這本書結束了，但你的故事才正要開始。

致謝

- **不斷給予我鼓勵的出版社**

  如果沒有出版社給予的鼓勵與壓力，我可能沒有完成這本書的意志力。

  因為這本書撰寫的過程中，我同時還要拍攝線上課程、準備實體講座、架設個人網站；但時間這種東西，果然擠一擠就會出來。

  這邊再次感謝優秀的編輯群與美編的辛苦付出，讓這本書能以更好的姿態呈現在讀者面前。

- **給予我彈性的公司**

  出版全台第一本 ChatGPT 的書籍後，我收到非常多企業內訓、校園演講的邀約；但這些課程通常安排在平日的上班時間，如果講課就一定要請假。

  雖然請假是勞工的權益，但我相信有很多人是請不了假的。這邊要特別感謝公司與主管對我的包容，如果不能請假，我絕對不可能達成這麼多里程碑。

- **提供我台北住處的長輩**

  以邀約信件來說，有超過一半的授課地點在台北。

  這邊要感謝長輩讓我在台北有個暫住的地方，如果每次講課都要從其他縣市通勤，那會在無形中浪費許多時間、精力。

- **使我無後顧之憂奮戰的後盾**

  人一天就是 24 小時，忙起來基本上是無法顧及周圍親人的。

  因此親人願意支持你的行動相當重要，不然在你忙的時候一哭二鬧三上吊，就算你有雄心壯志也會被消磨殆盡，感謝家人與女友的諒解，並協助我書籍校稿。